ABITUR TRAINING

Alfred Müller

Stochastik

Aufgaben mit Lösungen

Mathematik Leistungskurs

STARK

ISBN: 3-89449-025-X

2. durchgesehene Auflage 1995

INHALT

Vorwort

Theorie

I. Ereignisräume

1. Ergebnis und Ergebnisraum; Baumdiagramm 1
2. Ereignis und Ereignisraum; Ereignisalgebra 3

II. Wahrscheinlichkeitsverteilung

1. Relative Häufigkeit 8
2. Wahrscheinlichkeitsverteilung 9
3. Pfadregeln 10

III. Laplace-Experimente

1. Kombinatorik 14
   a) Allgemeines Zählprinzip 14
   b) Spezielle Abzählvorgänge 15
      (1) Permutationen ohne Wiederholung 15
      (2) Permutationen mit Wiederholung 16
      (3) k-Tupel (Variationen) ohne Wiederholung 17
      (4) k-Tupel (Variationen) mit Wiederholung 18
      (5) k-Mengen (Kombinationen) ohne Wiederholung 18
      (6) k-Mengen (Kombinationen) mit Wiederholung 19
2. Laplace-Wahrscheinlichkeiten 21

(Fortsetzung nächste Seite)

IV. Bedingte Wahrscheinlichkeit und Unabhängigkeit

1. Bedingte Wahrscheinlichkeit und die Regel von Bayes 25
2. Unabhängigkeit 26
3. Bernoulli-Kette 28
4. Wartezeitaufgaben 30
   (1) Aufgaben, die mit der Bernoulli-Kette gelöst werden können 30
   (2) Aufgaben, die die Wartezeit auf den ersten Treffer beschreiben 31
   (3) Aufgaben, die die Wartezeit auf den k-ten Treffer beschreiben 32

V. Zufallsgrößen und ihre Verteilungen

1. Zufallsgrößen, Wahrscheinlichkeits- und Verteilungsfunktion 37
2. Maßzahlen einer Zufallsgröße; Standardisierung 40
   a) Erwartungswert 38
   b) Varianz und Standardabweichung 40
   c) Eigenschaften von Erwartungswert und Varianz; Standardisierung 41
3. Binomialverteilung und hypergeometrische Verteilung 43
   a) Binomialverteilung 43
   b) Hypergeometrische Verteilung 45
4. Poissonsverteilung (nicht mehr im bayer. Lehrplan) 46
5. Normalverteilung und Grenzwertsätze von Moivre und Laplace 49
   a) Normalverteilung 49
   b) Grenzwertsätze von Moivre und Laplace 51
      (1) Lokaler Grenzwertsatz von Moivre und Laplace 51
      (2) Integralgrenzwertsatz (globale Näherungsformel) von Moivre und Laplace 53
6. Tschebyschow-Ungleichung; Gesetze der großen Zahlen; zentraler Grenzwertsatz 55
   a) Tschebyschow-Ungleichung 55
   b) Gesetze der großen Zahlen und zentraler Grenzwertsatz 56

VI. Grundbegriffe der Statistik

1. Schätzprobleme 59
2. Alternativtest 61
3. Signifikanztest 64
   a) Zweiseitiger Test 64
   b) Einseitiger Test 67
   c) Verfälschter Test 69

Aufgaben

I. Übungsaufgaben

1. Aufgaben zu Ereignisräumen 71
2. Aufgaben zur Wahrscheinlichkeitsverteilung, relativen Häufigkeit und Pfadregeln 73
3. Aufgaben zu Kombinatorik und zu L-Wahrscheinlichkeiten 77
4. Aufgaben zur bedingten Wahrscheinlichkeit, Unabhängigkeit, Bernoulli-Kette und zu Wartezeitproblemen 80
5. Aufgaben zu Zufallsgrößen und ihrer Verteilungen 84
6. Aufgaben zum Schätzen, Konfidenzintervalle und Tests 89

II. Klausuren und umfassende Aufgaben 95

Lösungen

I. Übungsaufgaben 113

II. Klausuren und umfassende Aufgaben 162

Anhang

Stichwortverzeichnis 201

Vorwort

Liebe Schülerin, lieber Schüler,

das vorliegende Buch deckt den **Gesamtstoff** des Leistungskurses Mathematik in Stochastik ab und ist in seiner Darstellung unabhängig von den im Unterricht verwendeten Lehrbüchern konzipiert.

Die Kapitel des Theorieteils enthalten jeweils eine **Wiederholung** grundlegender Begriffe und Regeln mit den daraus zu entwickelnden Folgerungen. Zu jedem Abschnitt gibt es zur Vertiefung mindestens ein **ausführlich gelöstes Beispiel.**

Der Aufgabenteil enthält
- **99 Übungsaufgaben** systematisch zusammengestellt, zu allen Kapiteln des theoretischen Teils, mit denen der gesamte Abiturstoff abgedeckt ist und eingeübt werden kann;
- **11 Klausuraufgaben** auf Leistungskursniveau bzw. umfassende Aufgaben zur Wiederholung und Absicherung vor Klausuren und zur Überprüfung des Wissensstandes.

Im Lösungsteil finden sich für alle Aufgaben **vollständige** und **kommentierte Lösungen.**

Daher kann mit diesem Buch je nach Bedarf unterschiedlich gearbeitet werden:
- Zur **systematischen Wiederholung** empfiehlt es sich, zuerst den Theorieteil, dann Übungsaufgaben, Klausuren und die umfassenden Aufgaben möglichst vollständig durchzuarbeiten; die ausführlichen Lösungen ermöglichen Ihnen selbständiges Arbeiten.
- Zur **gezielten Vorbereitung** von Einzelaspekten, Wiederholung oder Absicherung vor Klausuren bietet es sich an, themenbezogene Klausuraufgaben durchzuarbeiten. Mit Hilfe des Lösungsteils können Sie Ihre Ergebnisse kontrollieren. Bei den Aufgaben, deren Lösung Ihnen Schwierigkeiten bereitet hat, sollten Sie auf den entsprechenden Theorieteil zurückgreifen.

– Als **Begleitmaterial zum Unterricht** können Sie dank des Stichwortregisters das Buch als **Nachschlagewerk** zur schnellen Information bei auftretenden Fragen zu jeder Zeit benutzen.

Somit ist der vorliegende Trainingsband Abiturvorbereitung und Klausurtraining in einem.

Viel Erfolg bei der Arbeit!

Alfred Müller

I. Ereignisräume

1. Ergebnis und Ergebnisraum; Baumdiagramm

Experimente unterscheidet man nach der Vorhersagbarkeit ihres Versuchsausganges als deterministische Experimente und als **Zufallsexperimente**.
Jeder Ausgang eines Zufallsexperimentes (z. B. Werfen einer Münze) heißt ein **Ergebnis** ω (z. B. $\omega = Z$ (Zahl)) dieses Zufallsexperimentes.
Die Menge Ω aller Ergebnisse ω heißt **Ergebnisraum Ω**
(z. B. $\Omega = \{\omega_1, \omega_2\} = \{Z, W\}$), wobei jedes mögliche Ergebnis genau einmal in Ω erscheint.

Beachte:
Zu jedem Zufallsexperiment können mehrere Ergebnisräume angegeben werden.

Beispiel:

Experiment: Werfen eines Würfels

1. Frage nach der Augenzahl
   $\Omega_1 = \{1, 2, 3, 4, 5, 6\}$
2. Frage, ob Augenzahl gerade oder ungerade
   $\Omega_2 = \{g, u\}$
3. Frage, ob 6 (= Treffer) oder Nicht – 6 (= Niete) geworfen wird
   $\Omega_3 = \{T, N\}$

Ω_2 und Ω_3 sind Vergröberungen von Ω_1; Ω_1 ist eine Verfeinerung von Ω_2 bzw. Ω_3.
Besteht ein Zufallsexperiment aus n Einzelexperimenten, so ist jedes Ergebnis ein n-**Tupel**. Man kann den Ergebnisraum eines solchen zusammengesetzten Experimentes an einem **Baumdiagramm** veranschaulichen.

Beispiel:

Aus einer Urne mit 2 roten, 3 grünen und 1 schwarzen Kugel wird zweimal eine Kugel

a) mit Zurücklegen
b) ohne Zurücklegen gezogen.

Zeichne ein Baumdiagramm und bestimme jeweils den Ergebnisraum Ω.

a) mit Zurücklegen

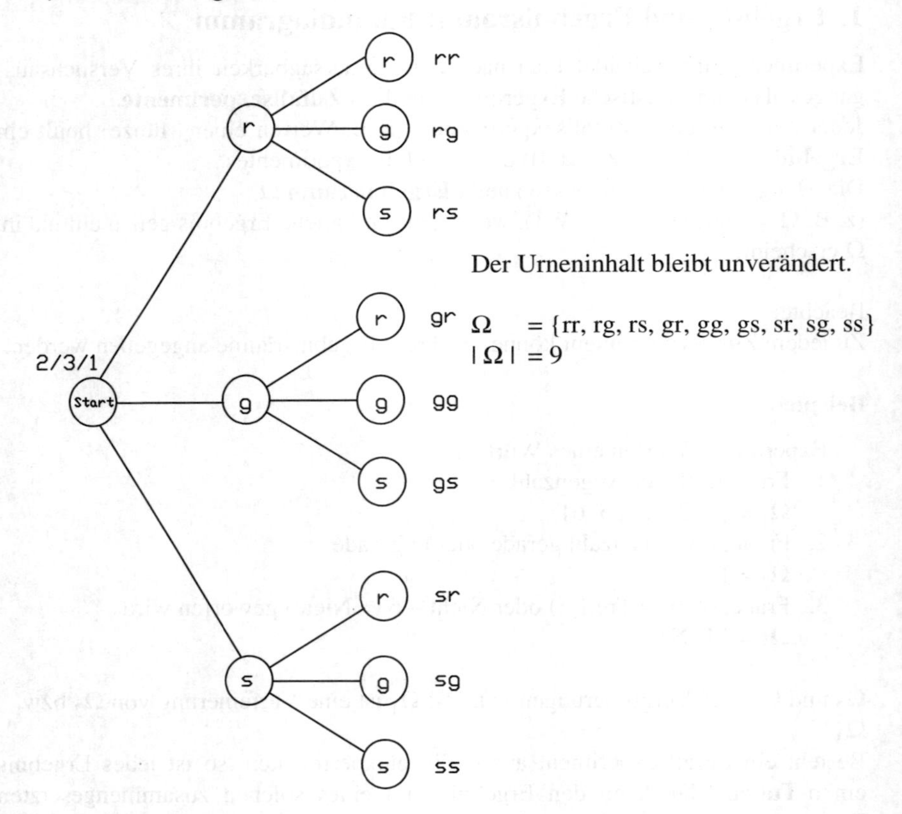

Der Urneninhalt bleibt unverändert.

$\Omega = \{rr, rg, rs, gr, gg, gs, sr, sg, ss\}$
$|\Omega| = 9$

b) ohne Zurücklegen

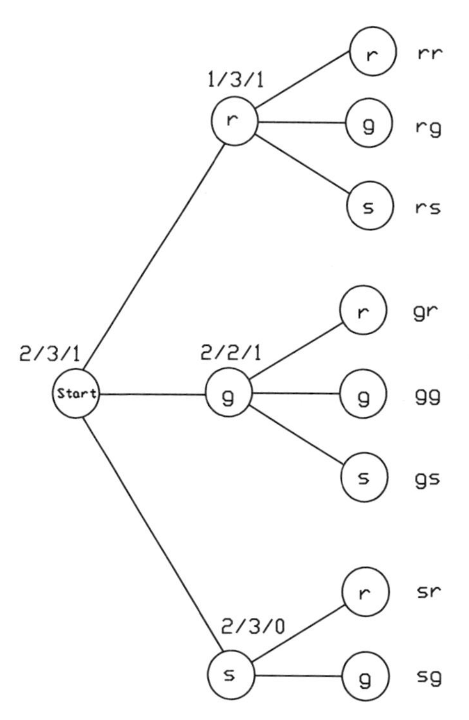

Der Urneninhalt ändert sich von Zug zu Zug.

$\Omega = \{rr, rg, rs, gr, gg, gs, sr, sg\}$
$|\Omega| = 8$

2. Ereignis und Ereignisraum; Ereignisalgebra

Jede Teilmenge A des Ergebnisraumes Ω heißt ein **Ereignis**.
Besitzt Ω n Elemente, so gibt es 2^n unterschiedliche Teilmengen, d. h. 2^n verschiedene Ereignisse. Die Menge aller Ereignisse heißt **Ereignisraum** $P(\Omega)$.
Die n einelementigen Teilmengen aus Ω heißen **Elementarereignisse**.
Jedes Ereignis A läßt sich als Vereinigung von Elementarereignissen darstellen,

d. h. $A = \bigcup_{\omega \in A} \{\omega\}$

Ein Ereignis A ist eingetreten, wenn sich ein Ergebnis $\omega \in A$ einstellt.

Beispiel:

Werfen eines Würfels:	$\Omega = \{1, 2, 3, 4, 5, 6\}$
Elementarereignisse:	$\{1\}, \{2\}, \{3\}, \{4\}, \{5\}, \{6\}$
A_1: "Augenzahl nicht 6":	$A_1 = \{1, 2, 3, 4, 5\}$
A_2 : "Augenzahl prim":	$A_2 = \{2, 3, 5\}$
A_3 : "Augenzahl gerade":	$A_3 = \{2, 4, 6\}$
A_4 : "Augenzahl größer 7":	$A_4 = \{\ \} = \emptyset$
A_5 : "Augenzahl kleiner 10":	$A_5 = \{1, 2, 3, 4, 5, 6\} = \Omega$

A heißt **unmögliches Ereignis**, falls $A = \emptyset$ gilt, z. B. A_4.
A heißt **sicheres Ereignis**, falls $A = \Omega$ gilt, z. B. A_5.

Das Ereignis $\overline{A}$, das **Gegenereignis** oder **Komplementärereignis** zum Ereignis A, enthält alle Elemente $\overline{\omega} \in \Omega$, für die $\overline{\omega} \notin A$ gilt.

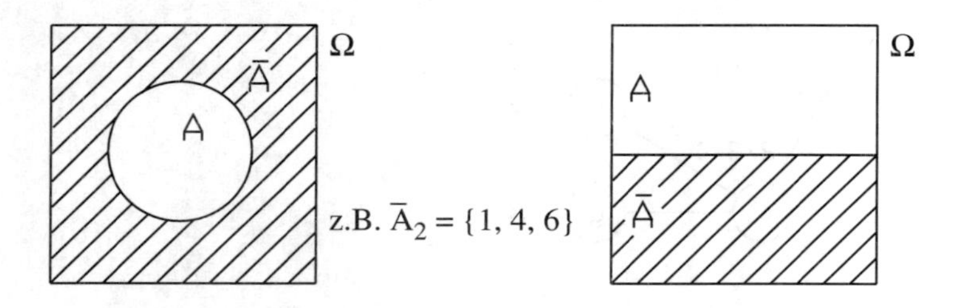

Das Ereignis $A \cap B$, der **Durchschnitt** der beiden Ereignisse A und B, enthält alle Elemente $\omega \in \Omega$ mit $\omega \in A \wedge \omega \in B$: Sowohl A als auch B sind eingetreten.

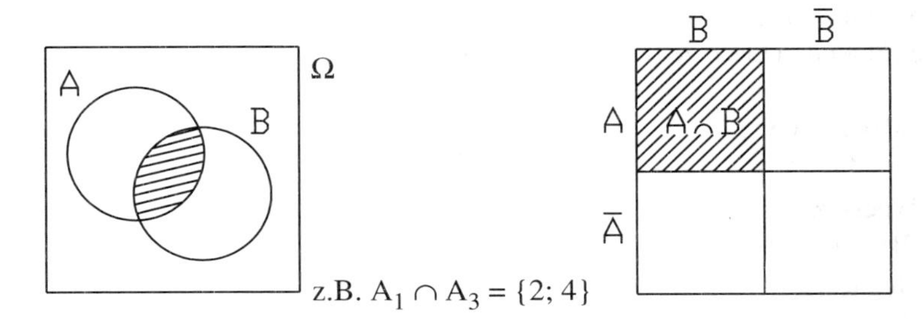

z.B. $A_1 \cap A_3 = \{2; 4\}$

Die Ereignisse A und B heißen **unvereinbar**, wenn $A \cap B = \varnothing$ gilt, z. B. $A \cap \bar{A} = \varnothing$.

Die Ereignisse $A_1, A_2, ..., A_n$ heißen **unvereinbar**, wenn $\bigcap_{i=1}^{n} A_i = \varnothing$ gilt, **paarweise unvereinbar**, wenn $A_i \cap A_k = \varnothing$ für $i \neq k$ gilt.

> Das Ereignis $A \cup B$, die **Vereinigungsmenge** der beiden Ereignisse A und B, enthält alle Elemente $\omega \in \Omega$ mit $\omega \in A \vee \omega \in B$:
> Mindestens eines der Ereignisse A oder B ist eingetreten.

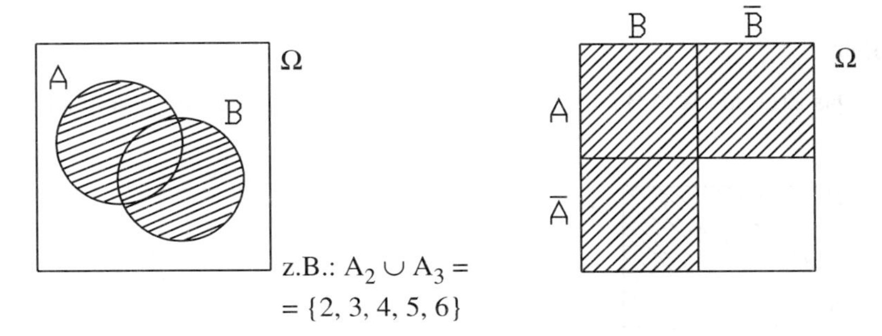

z.B.: $A_2 \cup A_3 =$
$= \{2, 3, 4, 5, 6\}$

Die Ereignisse $A_1, A_2, ..., A_n$ bilden eine **Zerlegung** des Ergebnisraumes Ω, wenn $\bigcup_{i=1}^{n} A_i = \Omega$ und $A_i \cap A_k = \varnothing$ für $i \neq k$ gilt, z. B. bilden $A' = \{1, 2, 3\}$, $A'' = \{4, 5\}$ und $A''' = \{6\}$ eine Zerlegung von $\Omega = \{1, 2, 3, 4, 5, 6\}$.

Mit den Verknüpfungen "–", " $\cap$ ", " $\cup$ " ergeben sich für Ereignisse A, B, C $\in$ $P(\Omega)$ die folgenden Gesetze der **Ereignisalgebra**:

Kommutativgesetze

$A \cap B = B \cap A$ $\qquad$ $A \cup B = B \cup A$

Assoziativgesetze

$(A \cap B) \cap C = A \cap (B \cap C)$ $\qquad$ $(A \cup B) \cup C = A \cup (B \cup C)$

Distributivgesetze

$A \cap (B \cup C) = (A \cap B) \cup (A \cap C)$ $\qquad$ $A \cup (B \cap C) = (A \cup B) \cap (A \cup C)$

Absorptionsgesetze

$A \cap (A \cup B) = A$ $\qquad$ $A \cup (A \cap B) = A$

Idempotenzgesetze

$A \cap A = A$ $\qquad$ $A \cup A = A$

De-Morgan-Gesetze

$\overline{A} \cap \overline{B} = \overline{A \cup B}$ $\qquad$ $\overline{A} \cup \overline{B} = \overline{A \cap B}$

Neutrale Elemente

$A \cap \Omega = A$ $\qquad$ $A \cup \varnothing = A$

Dominante Elemente

$A \cap \varnothing = \varnothing$ $\qquad$ $A \cup \Omega = \Omega$

Komplemente

$A \cap \overline{A} = \varnothing$ $\qquad$ $\overline{\overline{A}} = A$ $\qquad$ $A \cup \overline{A} = \Omega$

Beispiele:

1. Das Ereignis $\overline{A} \cap \overline{B}$ ist eingetreten, wenn **weder** A **noch** B eingetreten ist.

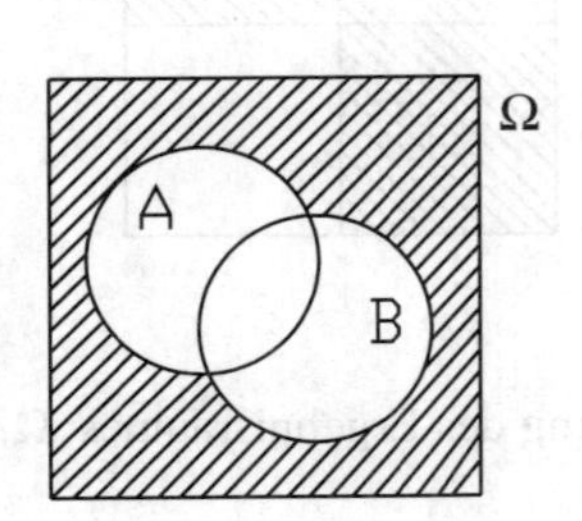

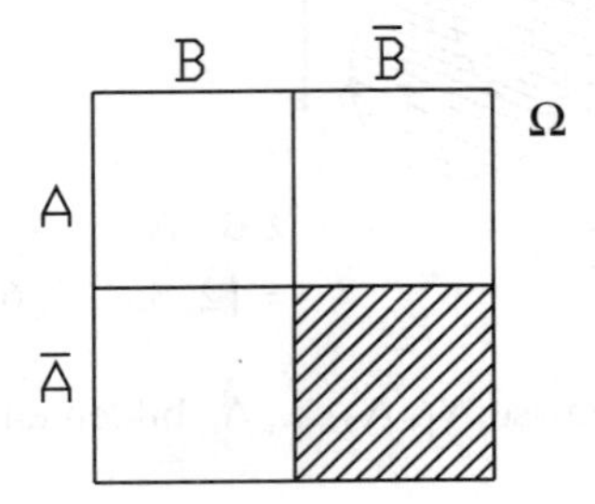

Es gilt: $\overline{A} \cap \overline{B} = \overline{A \cup B}$

2. Das Ereignis $(\overline{A} \cap B) \cup (A \cap \overline{B})$ ist eingetreten, wenn **entweder** A **oder** B eingetreten ist.

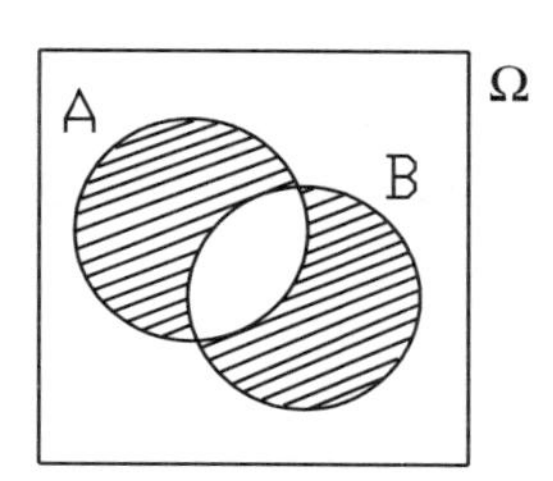

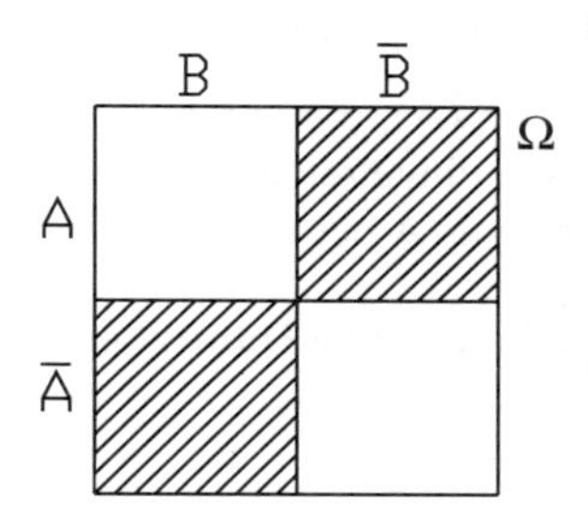

3. Das Ereignis $\overline{A} \cup \overline{B}$ ist eingetreten, wenn **höchstens eines** der Ereignisse A oder B eingetreten ist.

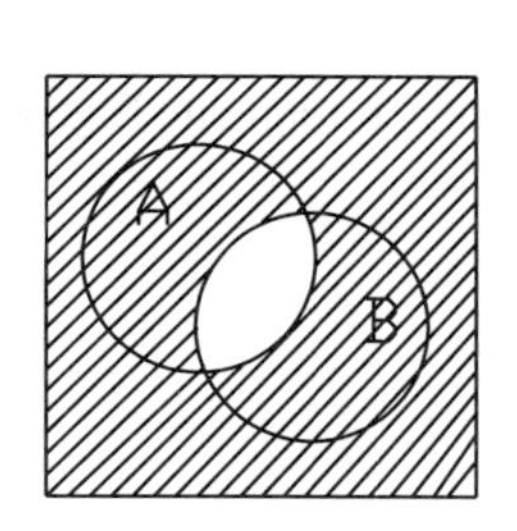

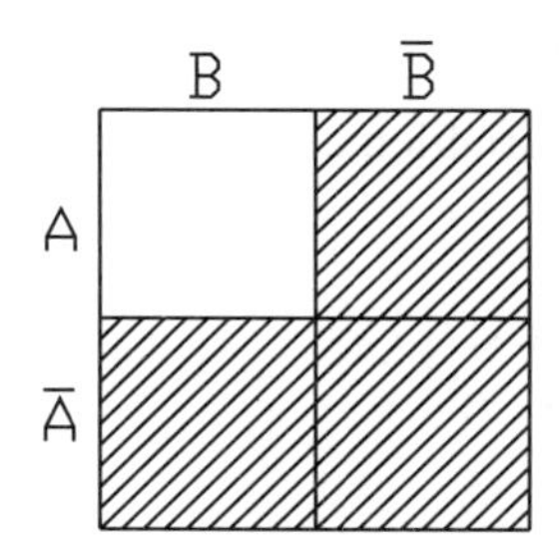

Es gilt: $\overline{A} \cup \overline{B} = \overline{A \cap B}$

4. $\overline{(A \cap \overline{B})} \cup \overline{(\overline{A} \cap B} = (\overline{A} \cup \overline{\overline{B}}) \cup (\overline{\overline{A}} \cup \overline{B}) = (\overline{A} \cup B) \cup (A \cup \overline{B}) =$

$= \overline{A} \cup B \cup A \cup \overline{B} = (\overline{A} \cup A) \cup (B \cup \overline{B}) = \Omega \cup \Omega = \Omega$

II. Wahrscheinlichkeitsverteilung

1. Relative Häufigkeit

Die Zahl $k = z(A)$, die angibt, wie oft bei wiederholten Versuchsausführungen das Ereignis A eingetreten ist, heißt absolute Häufigkeit des Ereignisses A.
Tritt das Ereignis A bei n Versuchsausführungen k-mal ein, so heißt der Quotient

$\boxed{h_n(A) = \frac{k}{n}}$ die **relative Häufigkeit** des Ereignisses A.

Beispiel:

Eine Münze wird 30 mal geworfen. Es fällt 18 mal Wappen.
Für das Ereignis A: "Es fällt Wappen W" gilt:
absolute Häufigkeit: $k = z(A) = 18$
relative Häufigkeit: $h_{30} = \frac{k}{n} = \frac{18}{30} = 0{,}6 = 60\ \%$

Aus der Definition der relativen Häufigkeit ergeben sich folgende Eigenschaften:

(1) $0 \leq h_n(A) \leq 1$

(2) $h_n(\varnothing) = 0$

(3) $h_n(\Omega) = 1$

(4) $h_n(A) = \sum_{\omega \in A} h_n(\{\omega\})$

(5) $h_n(A \cup B) = h_n(A) + h_n(B) - h_n(A \cap B)$
Falls $A \cap B = \varnothing$, d. h. unvereinbar: $h_n(A \cup B) = h_n(A) + h_n(B)$

(6) $h_n(\bar{A}) = 1 - h_n(A)$

2. Wahrscheinlichkeitsverteilung

Der Übergang von der relativen Häufigkeit zur **Wahrscheinlichkeit** scheint leicht zu sein, da sich sowohl die relativen Häufigkeiten eines Ereignisses mit wachsender Versuchszahl stabilisieren als auch die relativen Häufigkeiten bei mehreren Versuchsreihen mit wachsender Versuchszahl immer weniger unterscheiden.
Leider existiert der Grenzwert für $n \to \infty$ nicht, da sich die relative Häufigkeit h_n nicht im Sinne der Analysis dem Wert p der Wahrscheinlichkeit nähert, sondern sich lediglich um diesen Wert stabilisiert (siehe Grenzwertsätze unter V.)
Einen Ausweg aus diesem Dilemma zeigte **Kolmogorow**, der darauf verzichtete, eine inhaltliche Definition des Begriffes Wahrscheinlichkeit zu geben. Er orientierte sich bei der Festlegung seiner Axiome an der experimentell zugänglichen relativen Häufigkeit.

Axiomensystem von Kolmogorow

Eine Funktion $P: \mathcal{P}(\Omega) \to \mathbb{R}$ heißt **Wahrscheinlichkeitsverteilung,** wenn für alle $A, B \in \mathcal{P}(\Omega)$ gilt:

I. $P(A) \geq 0$

II. $P(\Omega) = 1$

III. $A \cap B = \emptyset \Rightarrow P(A \cup B) = P(A) + P(B)$

Aus diesem Axiomen kann man die folgenden Eigenschaften der Wahrscheinlichkeitsverteilung P herleiten:

(1) $P(\bar{A}) = 1 - P(A)$

(2) $P(\emptyset) = 0$

(3) $0 \leq P(A) \leq 1$

(4) $A = \bigcup_{\omega \in A} \{\omega\} \Rightarrow P(A) = \sum_{\omega \in A} P(\{\omega\})$

Es genügt, die Wahrscheinlichkeiten der Elementarereignisse zu kennen!

(5) $P(A \cup B) = P(A) + P(B) - P(A \cap B)$

$P(A \cup B \cup C) = P(A) + P(B) + P(C) - P(A \cap B) - P(A \cap C)$
$- P(B \cap C) + P(A \cap B \cap C)$

Dieser Satz von Sylvester läßt sich auch für beliebige $n \in \mathbb{N}$, $n > 3$ angeben.

3. Pfadregeln

Bei mehrstufigen Zufallsexperimenten zeichnet man im allgemeinen ein Baumdiagramm und schreibt die einzelnen Wahrscheinlichkeiten an die Äste des Baumes.

Beispiele:

1. Eine Urne enthält 6 Kugeln, 2 rote, 3 grüne und 1 schwarze. Es werden zwei Kugeln ohne Zurücklegen gezogen. Bestimme die Wahrscheinlichkeiten aller Elementarereignisse.

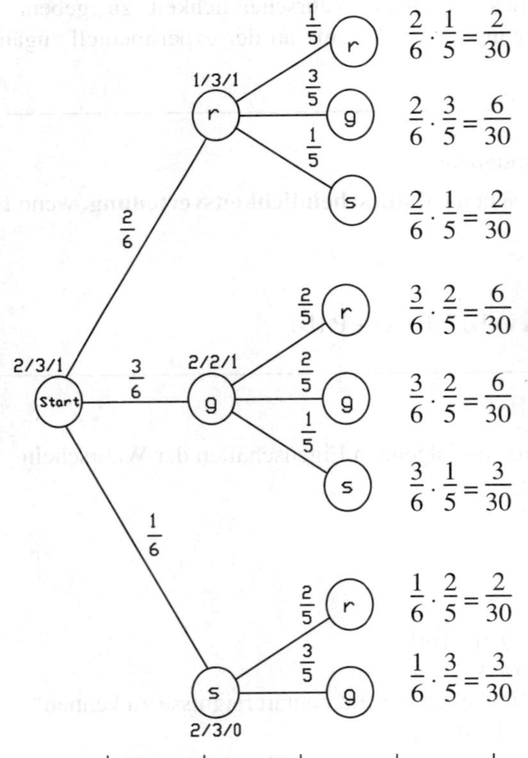

Wegen der besseren Vergleichbarkeit der Einzelwahrscheinlichkeiten empfiehlt es sich, alle Wahrscheinlichkeiten mit dem gleichen Nenner (oder in Prozentwerten) anzugeben.

ω	rr	rg	rs	gr	gg	gs	sr	sg
$P(\{\omega\})$	$\frac{2}{30}$	$\frac{6}{30}$	$\frac{2}{30}$	$\frac{6}{30}$	$\frac{6}{30}$	$\frac{3}{30}$	$\frac{2}{30}$	$\frac{3}{30}$

Beachte:
1. Die Summe der Wahrscheinlichkeiten auf den Ästen, die von einem Verzweigungspunkt ausgehen, ist stets 1.
2. Die Summe der Wahrscheinlichkeiten aller Elementarereignisse ist stets 1.

Es gilt die

1. Pfadregel

In einem mehrstufigen Zufallsexperiment erhält man die Wahrscheinlichkeit eines Elementarereignisses als Produkt der Wahrscheinlichkeiten auf dem Pfad, der zu diesem Elementarereignis führt.

2. Gleiche Urne wie in 1., aber es werden vier Kugeln ohne Zurücklegen gezogen. Bestimme die Wahrscheinlichkeit des Elementarereignisses
$\omega = \{rggs\}$
Man zeichnet nicht den "riesigen" Gesamtbaum, sondern nur den Pfad, der zu diesem Elemtarereignis führt.

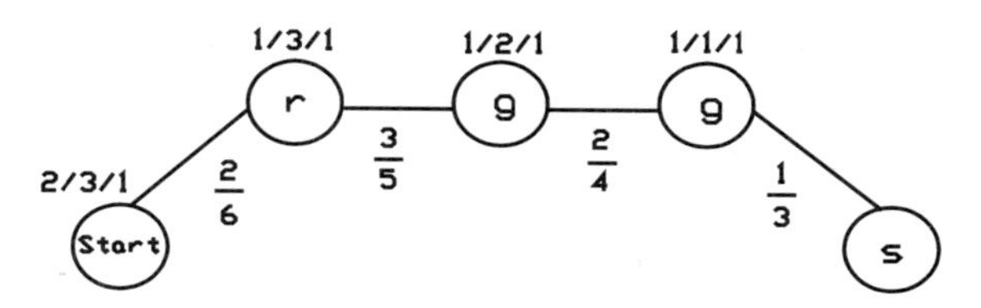

Mit Hilfe der 1. Pfadregel erhält man:
$P(\{rggs\}) = \frac{2}{6} \cdot \frac{3}{5} \cdot \frac{2}{4} \cdot \frac{1}{3} = \frac{12}{360} = \frac{1}{30}$

3. Gleiche Urne wie 1., aber es werden zwei Kugeln mit Zurücklegen gezogen. Mit welcher Wahrscheinlichkeit tritt das Ereignis A: "Beide Kugeln sind gleichfarbig" ein?

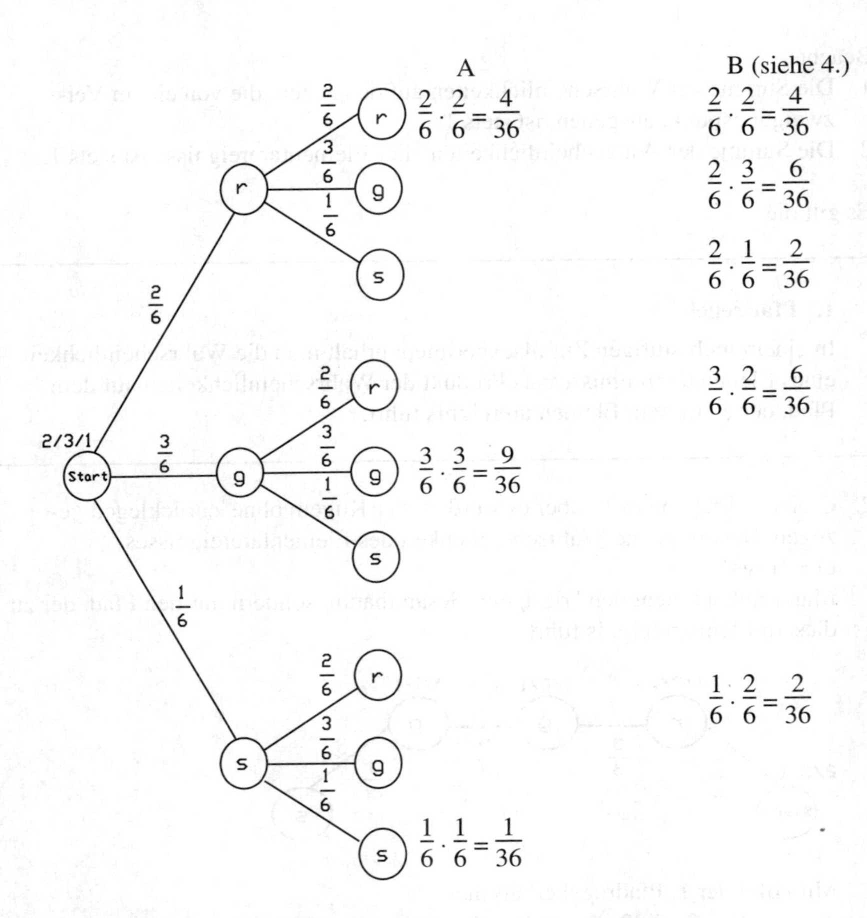

$$P(A) = P(\{rr, gg, ss\}) = P(\{rr\}) + P(\{gg\}) + P(\{ss\}) =$$

$$= \frac{4}{36} + \frac{9}{36} + \frac{1}{36} = \frac{14}{36} = \frac{7}{18} = 38{,}89\ \%$$

Es gilt die

2. Pfadregel:

In einem mehrstufigen Zufallsexperiment erhält man die Wahrscheinlichkeit eines Ereignisses als Summe der Wahrscheinlichkeiten der Pfade, die zu diesem Ereignis gehören.

4. Gleiches Experiment wie in 3.. Mit welcher Wahrscheinlichkeit tritt das Ereignis B: "Mindestens eine Kugel ist rot" ein?

   $P(B) = \frac{4}{36} + \frac{6}{36} + \frac{2}{36} + \frac{6}{36} + \frac{2}{36} = \frac{20}{36} = \frac{5}{9} = 55{,}56\ \%$

III. Laplace-Experimente

1. Kombinatorik

a) Allgemeines Zählprinzip

Beispiel:

Acht gleichwertige Sprinter kämpfen im Finale um die drei Medaillen. Auf wieviele Arten kann die Verteilung erfolgen?
Für die Goldmedaille stehen 8 Sprinter zur Verfügung, für die Silbermedaille noch 7 für die Bronzemedaille noch 6.
⇒ Es gibt $8 \cdot 7 \cdot 6 = 336$ Möglichkeiten, die drei Medaillen zu verteilen.

Diese Berechnung erfolgt nach dem **allgemeinen Zählprinzip** oder nach dem **Produktsatz** der Kombinatorik:

> Gegeben seien k Mengen A_i $(i = 1, 2, ..., k)$ mit den Mächtigkeiten n_i.
> Bildet man k-**Tupel** $(x_1, x_2, ..., x_k) \in A_1 \times A_2 \times ... \times A_k$,
> so gibt es $n_1 \cdot n_2 \cdot ... \cdot n_k$ solche k-Tupel.

Beispiel:

Herr Krüger kombiniert jeweils Anzug, Oberhemd und Krawatte aus 6 Anzügen, 8 Oberhemden und 10 Krawatten miteinander.

a) Wieviele verschiedene Möglichkeiten hat Herr Krüger?
$|A| = 6; |O| = 8; |K| = 10$
⇒ Es gibt $|A| \cdot |O| \cdot |K| = 6 \cdot 8 \cdot 10 = 480$ Möglichkeiten.

b) Wieviele Möglichkeiten hat Herr Krüger, wenn er Anzug und Oberhemd auch ohne Krawatte trägt?
⇒ Es gibt $6 \cdot 8 \cdot 11 = 528$ Möglichkeiten.

b) Spezielle Abzählvorgänge

(1) Permutationen ohne Wiederholung

Eine Menge enthalte n verschiedene Elemente. Auf wieviele Arten können n-Tupel ohne Wiederholung gebildet werden?
Nach dem allgemeinen Zählprinzip gibt es $n \cdot (n-1) \cdot (n-2) \cdot \ldots \cdot 3 \cdot 2 \cdot 1 = n!$ (n Fakultät) Möglichkeiten.
Damit gilt:

> Jede Anordnung aller Elemente einer Menge in einer bestimmten Reihenfolge heißt eine **Permutation** der Elemente. Zu einer Menge mit n Elementen gibt es n! Permutationen ohne Wiederholung.

Beachte:
1. $1! = 1$; $0! = 1$
2. Für die Anordnung von n verschiedenen Elementen in einer "offenen" Linie gibt es n! Möglichkeiten.
   Für die Anordnung von n verschiedenen Elementen in einer "geschlossenen" Linie gibt es nur $(n-1)!$ Möglichkeiten.
3. Fakultäten können mit dem Taschenrechner oder aus einem Tabellenwerk bestimmt werden.

Beispiel:

Vier Damem und vier Herren passieren nacheinander eine Drehtür.
a) Auf wieviele Arten können sie dies?
   Es gibt $8! = 40.320$ Möglichkeiten.
b) Wieviele Möglichkeiten verbleiben noch, wenn die vier Damen Vortritt haben?
   Es gibt noch $4! \cdot 4! = 576$ Möglichkeiten.

(2) Permutationen mit Wiederholung

Von den n Elementen aus (1) seien jeweils k_1, k_2, ... k_r gleich. Dann sind unter den n! Möglichkeiten von (1) jeweils $k_1!$, $k_2!$, ..., $k_r!$ Möglichkeiten gleich.
Es gilt:

> Zu n Elementen, von denen jeweils k_1, k_2, ..., k_r gleich sind, gibt es
>
> $\frac{n!}{k_1!\,k_2!\,...\,k_r!}$ Permutationen mit Wiederholungen

Beispiel:

Wieviele verschiedene sechsziffrige Zahlen gibt es, die zweimal die 4, dreimal die 5 und einmal die 8 enthalten?

Es gibt $\frac{6!}{2!\;3!\;1!} = 60$ Möglichkeiten.

Bei den Permutationen sind immer alle n Elemente beteiligt. Bei den folgenden Abzählvorgängen sollen aus einer n-**Menge** (Menge mit n verschiedenen Elementen) k Elemente ausgewählt werden.
Je nachdem, ob die Reihenfolge eine Rolle spielt oder ob Wiederholungen auftreten dürfen gilt:

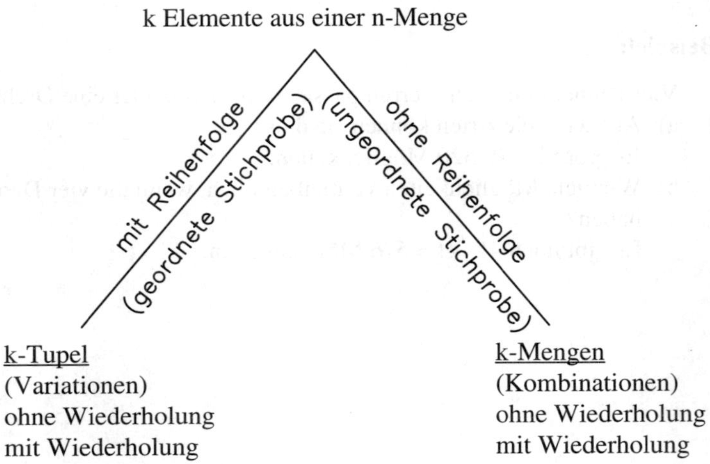

<u>k-Tupel</u>
(Variationen)
ohne Wiederholung
mit Wiederholung

<u>k-Mengen</u>
(Kombinationen)
ohne Wiederholung
mit Wiederholung

(3) k-Tupel (Variationen) ohne Wiederholung

Nach dem allgemeinen Zählprinzip gilt für die einzelnen Stellen des k-Tupels:
1. Stelle: n Möglichkeiten
2. Stelle: (n – 1) Möglichkeiten

....

k. Stelle: n – (k – 1) Möglichkeiten

$\Rightarrow$ Es gibt $n \cdot (n-1) \cdot \ldots \cdot [n-(k-1)] = \frac{n!}{(n-k)!}$ Möglichkeiten.

> Aus einer n-Menge kann man
>
> $n \cdot (n-1) \cdot \ldots \cdot (n-k+1) = \frac{n!}{(n-k)!}$ k-Tupel ($k \leq n$) ohne Wiederholung
>
> auswählen

Beachte;

1. $\frac{n!}{(n-k)!}$ ist ein Produkt aus k Faktoren von n abwärts.
2. Die Anzahl der k-Tupel kann mit der nPr-Taste des Taschenrechners bestimmt werden.

Beispiel:

In der Dreiwette beim Pferderennen soll der Einlauf der ersten drei Pferde aus einem Starterfeld von 12 Pferden vorausgesagt werden. Wieviele Möglichkeiten gibt es?

Es gibt $\frac{12!}{(12-3)!} = 12 \cdot 11 \cdot 10 = 1.320$ Möglichkeiten

(4) k-Tupel (Variationen) mit Wiederholung

Nach dem allgemeinen Zählprinzip gibt es für jeden der k Plätze des k-Tupels n Elemente, d. h. es gibt n^k Möglichkeiten.

> Aus einer n-Menge kann man n^k k-Tupel mit Wiederholung auswählen.

Beispiel:

Wieviele verschiedene fünfstellige Zahlen kann man mit den Ziffern 1, 3, 5, 7 bilden?
Es gibt $4^5 = 1.024$ verschiedene fünfstellige Zahlen.

(5) k-Mengen (Kombinationen) ohne Wiederholung

Da k-Mengen ausgewählt werden, spielt die Reihenfolge keine Rolle, d. h. unter den $\frac{n!}{(n-k)!}$ Möglichkeiten für k-Tupel sind k! im Sinne der Mengenlehre gleich, es gibt also $\frac{n!}{k!\,(n-k)!} = \binom{n}{k}$ (k aus n) Möglichkeiten.

> Aus einer n-Menge kann man
> $\binom{n}{k} = \frac{n!}{k!\,(n-k)!}$ k-Mengen ($k \leq n$) ohne Wiederholung auswählen.

Beachte:

1. $$\binom{n}{k} = \begin{cases} \frac{n!}{k!\,(n-k)!} & \text{für } 0 \leq k \leq n \\ 0 & \text{sonst} \end{cases}$$

2. $$\binom{n}{k} = \frac{n!}{k!\,(n-k)!} = \frac{n \cdot (n-1) \cdot \ldots \cdot (n-k+1) \cdot (n-k) \cdot \ldots \cdot 2 \cdot 1}{1 \cdot 2 \cdot 3 \ldots k \cdot (n-k) \cdot \ldots \cdot 2 \cdot 1} =$$
$$= \frac{n \cdot (n-1) \cdot \ldots \cdot (n-k+1)}{1 \cdot 2 \cdot 3 \cdot \ldots \cdot k}$$

Zähler und Nenner enthalten je k Faktoren, der Zähler von n abwärts, der Nenner von 1 aufwärts.

z. B. $\binom{14}{3} = \frac{14 \cdot 13 \cdot 12}{1 \cdot 2 \cdot 3} = 364$

Die Werte $\binom{n}{k}$ können auch mit der nCr-Taste des Taschenrechners bestimmt werden oder aus einem Tabellenwerk abgelesen werden.

3. $\binom{n}{k} = \binom{n}{n-k}$

4. Wegen $(a + b)^n = \sum_{k=0}^{n} \binom{n}{k} a^{n-k} \cdot b^k$ heißen $\binom{n}{k}$ auch Binomialkoeffizienten.

Beispiele:

1. Bei einem Preisausschreiben sind 50 richtige Lösungen eingegangen, es stehen aber nur vier gleichwertige Gewinne zur Verfügung. Wieviele Möglichkeiten der Gewinnverteilung gibt es?
   Es gibt $\binom{50}{4} = \frac{50 \cdot 49 \cdot 48 \cdot 47}{1 \cdot 2 \cdot 3 \cdot 4} = 230.300$ Möglichkeiten.

2. Von den 18 Vereinen der 1. Fußballbundesliga spielt jeder gegen jeden. Wieviele Spiele gibt es pro Halbsaison?
   Es gibt $\binom{18}{2} = 153$ Spiele.

(6) k-Mengen (Kombinationen) mit Wiederholung

Beispiel:

Sechs Äpfel sollen auf drei Kinder verteilt werden. Auf wieviele Arten ist diese möglich?
Ein mögliches Ergebnis könnte wie folgt notiert werden:

1. Kind	2. Kind	3. Kind
xxxx	x	x

Es entsteht eine Anordnung mit 2 Strichen zwischen den drei Kindern und 6 Kreuzchen für die Anzahl der Äpfel, d. h. es gibt $6 + 3 - 1$ Symbole, aus denen die beiden Trennungsstriche zwischen den Äpfeln oder die 6 Äpfel ausgewählt werden können.

Es gibt $\binom{3+6-1}{2} = \binom{8}{2} = 28$ Möglichkeiten oder es gibt $\binom{3+6-1}{6} =$

$= \binom{8}{6} = 28$ Möglichkeiten.

Mögliche Anordnung			**Anzahl der Anordnungen**
1. K.	2. K.	3. K.	
6	0	0	3
5	1	0	6
4	2	0	6
4	1	1	3
3	3	0	3
3	2	1	6
2	2	2	1
			28 Möglichkeiten

Aus einer n-Menge kann man $\binom{n+k-1}{k}$ k-Mengen auswählen.

Beachte:

$$\binom{n+k-1}{k} = \binom{n+k-1}{n-1}$$

Beispiel:

Drei Schülern werden fünf Freikarten für eine Open-Air-Veranstaltung angeboten. Auf wie viele Arten können die numerierten Karten verteilt werden?

Es gibt $\binom{3+5-1}{5} = \binom{7}{5} = 21$ oder $\binom{3+5-1}{3-1} = \binom{7}{2} = 21$ Möglichkeiten.

2. Laplace-Wahrscheinlichkeiten

Ein stochastische Experiment heißt **Laplace-Experiment**, wenn alle Elemtarereignisse die gleiche Wahrscheinlichkeit besitzen.

Für $|\Omega| = n$ gilt $P(\{\omega\}) = \frac{1}{n}$. Enthält das Ereignis A genau k Elemtarereignisse, so gilt $P(A) = \frac{k}{n} = \frac{|A|}{|\Omega|}$.

Bei einem Laplace-Experiment gilt für die Wahrscheinlichkeit eines Ereignisse A: $P(A) = \frac{|A|}{|\Omega|}$

Laplace-Wahrscheinlichkeiten können mit Hilfe der Kombinatorik bestimmt werden. Im Zusammenhang mit Laplace-Experimenten spricht man von L-Zufallsgeräten, wie z. B. L-Würfel, L-Münze, etc..

Beispiele:

1. Unter 10 Losen befinden sich zwei Gewinnlose. Mit welcher Wahrscheinlichkeit befindet sich unter drei auf gut Glück gezogenen Losen genau ein Gewinnlos?

   $|\Omega| = \binom{10}{3}$ $|A| = \binom{2}{1} \cdot \binom{8}{2}$

   $$P(A) = \frac{|A|}{|\Omega|} = \frac{\binom{2}{1}\binom{8}{2}}{\binom{10}{3}} = \frac{2 \cdot 28}{120} = \frac{56}{120} = \frac{7}{15} = 46{,}67\ \%$$

2. Mit welcher Wahrscheinlichkeit erhält man beim Zahlenlotto "6 aus 49" 6 Richtige, 5 Richtige mit Zusatzzahl, 5 Richtige, 4 Richtige oder 3 Richtige?

   Es gilt: $|\Omega| = \binom{49}{6}$

   Z sei die Zahl der Richtigen.

$$P(Z=6) = \frac{1}{\binom{49}{6}} = 7{,}2 \cdot 10^{-8}$$

$$P(Z=5 \text{ m. Z.}) = \frac{\binom{6}{5} \cdot \binom{1}{1}}{\binom{49}{6}} = 4{,}3 \cdot 10^{-7}$$

$$P(Z=5 \text{ o. Z.}) = \frac{\binom{6}{5} \cdot \binom{42}{1}}{\binom{49}{6}} = 1{,}8 \cdot 10^{-5}$$

$$P(Z=4) = \frac{\binom{6}{4} \cdot \binom{43}{2}}{\binom{49}{6}} = 9{,}7 \cdot 10^{-4}$$

$$P(Z=3) = \frac{\binom{6}{3} \cdot \binom{43}{3}}{\binom{49}{6}} = 0{,}01765 \approx 1{,}77\ \%$$

3. Ein Schütze trifft ein Ziel mit einer Wahrscheinlichkeit von 95 %.
   a) Mit welcher Wahrscheinlichkeit befinden sich unter 20 Schüssen genau 19 Treffer?
      Z sei die Anzahl der Treffer. Die 19 Treffer können auf 20 Plätzen plaziert werden.
      $$P(Z=19) = \binom{20}{19} \cdot 0{,}95^{19} \cdot 0{,}05^{1} = 0{,}37735 = 37{,}74\%$$
   b) Wie oft muß er mindestens schießen, um mit einer Wahrscheinlichkeit von mehr als 90 % wenigstens einen Fehlschuß zu erhalten?
      Die Wahrscheinlichkeit wird über die Gegenwahrscheinlichkeit errechnet. Es gilt:
      P (mindestens ein ...) = 1 – P (kein ...)
      $$1 - 0{,}95^{n} > 0{,}90$$
      $$0{,}95^{n} < 0{,}10$$
      $$n \cdot \ln 0{,}95 < \ln 0{,}10$$
      $$n > \frac{\ln 0{,}10}{\ln 0{,}95} = 44{,}89$$
      $\Rightarrow$ Er muß mindestens 45 mal schießen.

IV. Bedingte Wahrscheinlichkeit und Unabhängigkeit

1. Bedingte Wahrscheinlichkeit und die Regel von Bayes

$P_B(A)$ heißt die durch das Ereignis B **bedingte Wahrscheinlichkeit** des Ereignisses A (Andere Schreibweise: $P_B(A) = P(A \mid B)$).
Aus diesem Baumdiagramm und mit Hilfe der 1. Pfadregel erhält man:

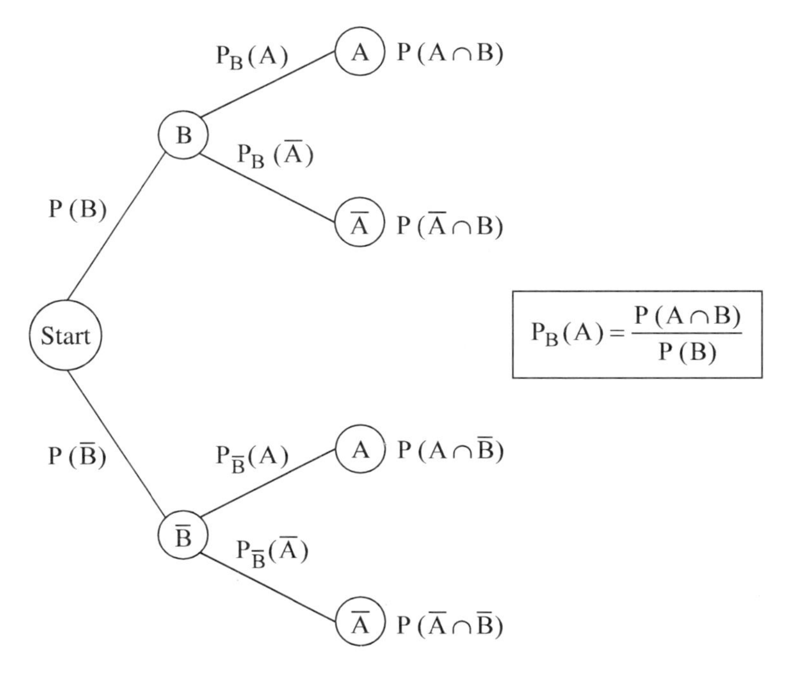

$$P_B(A) = \frac{P(A \cap B)}{P(B)}$$

Folgerungen:

1. $P(A \cap B) = P(B) \cdot P_B(A)$ (1. Pfadregel)

   $P(A) = P(B) \cdot P_B(A) + P(\overline{B}) \cdot P_{\overline{B}}(A)$ (2. Pfadregel)

2.

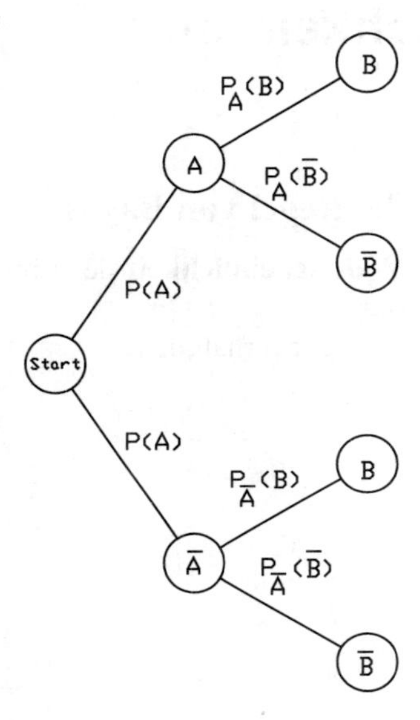

$$P_A(B) = \frac{P(A \cap B)}{P(A)}$$

Mit 2. folgt:

$$\boxed{P_A(B) = \frac{P_B(A) \cdot P(B)}{P(B) \cdot P_B(A) + P(\bar{B}) \cdot P_{\bar{B}}(A)}}$$

3. Verallgemeinerung für eine beliebige Zerlegung $B_1, B_2, ..., B_n$ von Ω:

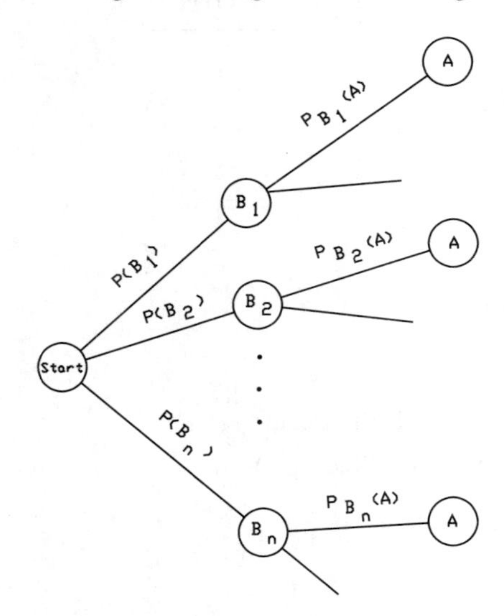

Es gilt die **Formel von Bayes**

$$P_A(B_i) = \frac{P_{B_i}(A) \cdot P(B_i)}{P(B_1) \cdot P_{B_1}(A) + \ldots + P(B_n) \cdot P_{B_n}(A)}$$

Beispiel:

Der Schüler S fährt 50 % der Schultage mit dem Bus. In 70 % dieser Fälle kommt er pünktlich zur Schule. Durchschnittlich kommt er aber nur an 60 % der Schultage pünktlich an. Heute kommt S pünktlich zur Schule. Mit welcher Wahrscheinlichkeit hat er den Bus benutzt?
A: "Fahrt mit dem Bus"; B: "Pünktliche Ankunft"
Gesucht: $P_B(A)$

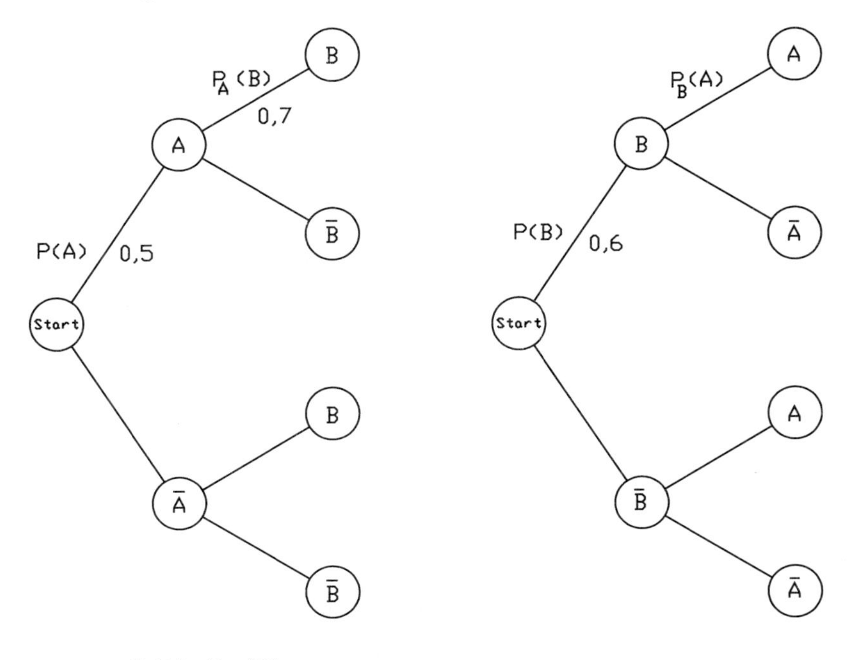

$$P_B(A) = \frac{P(A) \cdot P_A(B)}{P(B)} = \frac{0{,}5 \cdot 0{,}7}{0{,}6} = 0{,}58333 = 58{,}33\ \%$$

2. Unabhängigkeit

Zwei Ereignisse A und B heißen stochastisch **unabhängig**, wenn die Wahrscheinlichkeit des einen Ereignisses durch das Eintreten des anderen Ereignisses nicht verändert wird. Das ist genau dann der Fall, wenn $P(A \cap B) = P(A) \cdot P(B)$ gilt.

Aus $P(A) = P_B(A) \wedge P(B) = P_A(B)$ folgt $P(A) = \frac{P(A \cap B)}{P(B)}$ bzw.

$P(B) = \frac{P(A \cap B)}{P(A)}$ und daraus die Behauptung $P(A \cap B) = P(A) \cdot P(B)$.

Beachte:

1. A, B unvereinbar $(A \cap B) = \varnothing \Rightarrow P(A \cup B) = P(A) + P(B)$
   A, B unabhängig $\Rightarrow P(A \cap B) = P(A) \cdot P(B)$
2. Aus einer Vierfeldertafel ist ersichtlich:

	B	$\overline{B}$	
A	$a \cdot b$	$a(1-b)$	a
$\overline{A}$	$b(1-a)$	$(1-a)(1-b)$	$1-a$
	b	$1-b$	

Wenn die Ereignisse A und B unabhängig sind, dann sind dies auch A und $\overline{B}$, $\overline{A}$ und B sowie $\overline{A}$ und $\overline{B}$.

3. Für drei Ereignisse A, B, C gilt:
   Die Ereignisse A, B, C heißen stochastisch unabhängig, wenn gilt:
   $P(A \cap B) = P(A) \cdot P(B)$; $P(A \cap C) = P(A) \cdot P(C)$; $P(B \cap C) =$
   $= P(B) \cdot P(C)$;
   $P(A \cap B \cap C) = P(A) \cdot P(B) \cdot P(C)$
   Entsprechend kann man die Unabhängigkeit von n Ereignissen definieren.

Beispiele:

1. In einer Urne befinden sich zwei weiße und zwei schwarze Kugeln. Es werden nacheinander zwei Kugeln
   a) mit Zurücklegen,
   b) ohne Zurücklegen gezogen. Sind die beiden Ereignisse A: "Weiß im 1. Zug" und B: "Weiß im 2. Zug" voneinander stochastisch unabhängig?

a)

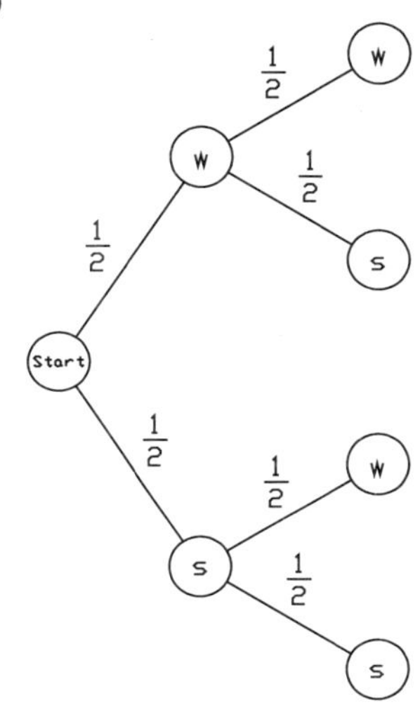

$$P(A) = \frac{1}{2}$$

$$P(B) = \frac{1}{2} \cdot \frac{1}{2} + \frac{1}{2} \cdot \frac{1}{2} = \frac{1}{2}$$

$$P(A \cap B) = \frac{1}{4} = P(A) \cdot P(B)$$

$\Rightarrow$ A, B unabhängig

b)

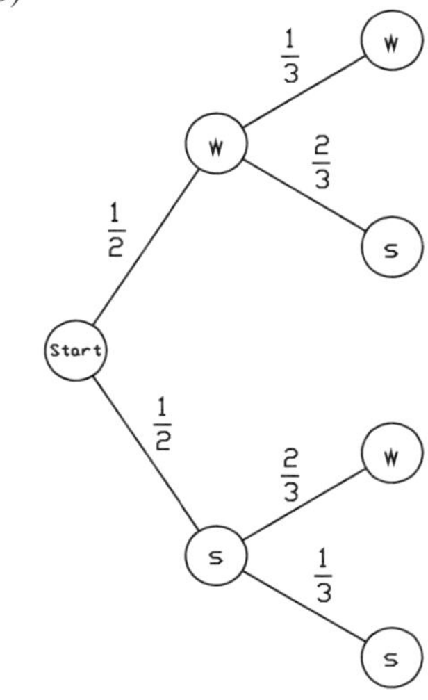

$$P(A) = \frac{1}{2}$$

$$P(B) = \frac{1}{2} \cdot \frac{1}{3} + \frac{1}{2} \cdot \frac{2}{3} = \frac{1}{2}$$

$$P(A \cap B) = \frac{1}{6} \neq P(A) \cdot P(B) = \frac{1}{4}$$

$\Rightarrow$ A, B abhängig

Kennzeichnen der Unabhängigkeit im Baumdiagramm:

Jeder in die gleiche Richtung zeigende Ast trägt die gleiche Wahrscheinlichkeit

2. Vervollständige die Vierfeldtafel, wenn A und B unabhängig sind.

	B	$\overline{B}$	
A	0,12		
$\overline{A}$			
		0,6	

$P(\overline{B}) = 0{,}6 \Rightarrow P(B) = 0{,}4$

$P(A) = \frac{P(A \cap B)}{P(B)} = \frac{0{,}12}{0{,}4} = 0{,}3$

$\Rightarrow P(\overline{A}) = 0{,}7$

$P(A \cap \overline{B}) = 0{,}3 \cdot 0{,}6 = 0{,}18$

$P(\overline{A} \cap B) = 0{,}7 \cdot 0{,}4 = 0{,}28$

$P(\overline{A} \cap \overline{B}) = 0{,}7 \cdot 0{,}6 = 0{,}42$

3. Bernoulli-Kette

Ein Zufallsexperiment heißt **Bernoulli-Experiment**, wenn man sich nur dafür interessiert, ob ein bestimmtes Ereignis A eingetreten ist oder nicht.

Mit $P(A) = p$ gilt $P(\overline{A}) = 1 - p$, weil $A \cup \overline{A} = \Omega$. Das Eintreffen von A heißt auch ein **Erfolg** oder **Treffer** (1; T), das Eintreffen von $\overline{A}$ **Mißerfolg** oder **Niete** (0; N), p **Parameter**.

Man spricht von einer **Bernoulli-Kette**, wenn ein Bernoulli-Experiment n-mal unabhängig hintereinander ausgeführt wird oder n Bernoulli-Experimente mit jeweils gleicher Ausgangsbedingung, d. h. $P(A) = p$ werden unabhängig hintereinander ausgeführt. n heißt die **Länge** der Bernoulli-Kette.

Tritt das Ereignis A bei n Versuchen k-mal ein, so kann man dies k-malige Eintreffen auf $\binom{n}{k}$ Plätze verteilen. Wenn X die Anzahl der Treffer angibt, gilt:

> In einem Bernoulli-Experiment sei P (A) = p die Wahrscheinlichkeit für das Eintreten des Ereignisses A.
> Das Ereignis A tritt dann in der Bernoulli-Kette der Länge n genau k mal mit der Wahrscheinlichkeit $P(X = k) = \binom{n}{k} p^k \cdot (1-p)^{n-k}$ ein.

Beispiele:

1. Ein idealer Würfel wird zehnmal geworfen. Mit welcher Wahrscheinlichkeit erhält man genau zwei Sechser?

   A: "Sechs tritt ein"; $P(A) = \frac{1}{6}$

   $$P(X = 2) = \binom{10}{2} \cdot \left(\frac{1}{6}\right)^2 \cdot \left(\frac{5}{6}\right)^8 = 0{,}29071 = 29{,}07\ \%$$

2. In einer Lotterie gewinnt man mit einer Wahrscheinlichkeit von 12 %. Wieviele Lose muß man mindestens kaufen, um mit einer Wahrscheinlichkeit von mindestens 95 % wenigstens einmal zu gewinnen.

   $$P(X \geq 1) = 1 - P(X = 0) \geq 0{,}95$$
   $$1 - \binom{n}{0} \cdot 0{,}12^0 \cdot 0{,}88^n \geq 0{,}95$$
   $$1 - 0{,}88^n \geq 0{,}95$$
   $$0{,}88^n \leq 0{,}05$$
   $$n \geq \frac{\ln 0{,}05}{\ln 0{,}88} = 23{,}43$$

   $\Rightarrow$ Man muß mindestens 24 Lose kaufen.

4. Wartezeitaufgaben

Wartezeitaufgaben nennt man alle Aufgaben, bei denen auf das erstmalige oder k-malige Eintreffen eines bestimmten Ereignisses "gewartet" wird; denn wenn die einmalige Ausführung des Zufallsexperimentes genau eine Zeiteinheit dauert, so gibt die Zahl k, bei der der Eintritt des gewünschten Vorganges erfolgt, die "Wartezeit" an.
Bei einem Zufallsexperiment sei p die Wahrscheinlichkeit für einen Treffer, d. h. ein bestimmtes Ereignis A tritt ein. Das Zufallsexperiment werde n mal unabhängig ausgeführt, wobei n als hinreichend groß vorausgesetzt wird.

(1) Aufgaben, die mit der Bernoulli-Kette gelöst werden können

Wie groß ist die Wahrscheinlichkeit für

a) genau k Treffer,

$$P(X = k) = \binom{n}{k} p^k (1 - p)^{n-k}$$

b) höchstens k Treffer,

$$P(X \leq k) = \sum_{i=0}^{k} P(X = i) = \sum_{i=0}^{k} \binom{n}{i} \cdot p^i \cdot (1 - p)^{n-i}$$

c) mindestens k Treffer?

$$P(X \geq k) = \sum_{i=k}^{n} P(X = i) = \sum_{i=k}^{n} \binom{n}{i} \cdot p^i \cdot (1 - p)^{n-i} =$$

$$= 1 - \sum_{i=0}^{k-1} \binom{n}{i} \cdot p^i \cdot (1 - p)^{n-i}$$

Beispiel:

Ein L-Würfel werde zehnmal geworfen. Wenn eine "Eins" fällt, so werde dies also ein Treffer T bezeichnet. Es gilt $P(T) = \frac{1}{6}$.

1. Wie groß ist die Wahrscheinlichkeit für
   a) genau drei Treffer,

   $$P(X = 3) = \binom{10}{3} \cdot \left(\frac{1}{6}\right)^3 \cdot \left(\frac{5}{6}\right)^7 = 0{,}15505 = 15{,}51\ \%$$

   b) höchstens drei Treffer,

   $$P(X \leq 3) = \sum_{i=0}^{3} \binom{10}{i} \cdot \left(\frac{1}{6}\right)^i \cdot \left(\frac{5}{6}\right)^{10-i} = 0{,}93027 = 93{,}03\ \%$$

   c) mindestens drei Treffer?

   $$P(X \geq 3) = 1 - P(X \leq 2) = 1 - \sum_{i=0}^{2} \binom{10}{i} \cdot \left(\frac{1}{6}\right)^i \cdot \left(\frac{5}{6}\right)^{10-i} = 0{,}22477$$

   $$= 22{,}48\ \%$$

(2) Aufgaben, die die Wartezeit auf den ersten Treffer beschreiben

Wie groß ist die Wahrscheinlichkeit für den ersten Treffer

a) im n-ten Versuch (Ereignis A_1).
Dem 1. Treffer gehen (n – 1) Nichttreffer voraus.
$P(A_1) = (1 - p)^{n-1} \cdot p$

Anmerkung:
Die zugehörige Wahrscheinlichkeitsverteilung heißt geometrische Verteilung.

b) frühestens im n-ten Versuch (Ereignis A_2).
Die ersten (n – 1) Versuche sind sicher alle Nichttreffer, danach sind sowohl Treffer als auch Nichttreffer möglich.
$P(A_2) = (1 - p)^{n-1} \cdot 1 = (1 - p)^{n-1}$

c) spätestens (mindestens) im n-ten Versuch (Ereignis A_3)?
Die Wahrscheinlichkeit wird über das Gegenereignis $\overline{A}_3$ berechnet, daß in n Versuchen kein Treffer erzielt wird.

$P(A_3) = 1 - P(\overline{A}_3) = 1 - (1 - p)^n$

Beispiel wie bei (1):

Wie groß ist die Wahrscheinlichkeit für den ersten Treffer

a) im 10. Versuch

$$P(A_1) = \left(1 - \frac{1}{6}\right)^9 \cdot \frac{1}{6} = 0{,}03230 = 3{,}23\ \%$$

b) frühestens im 10. Versuch,

$$P(A_2) = \left(1 - \frac{1}{6}\right)^9 = 0{,}19381 = 19{,}38\ \%$$

c) spätestens im 10. Versuch?

$$P(A_3) = 1 - \left(1 - \frac{1}{6}\right)^{10} = 0{,}83849 = 83{,}85\ \%$$

(3) Aufgaben, die die Wartezeit auf den k-ten Treffer beschreiben

Wie groß ist die Wahrscheinlichkeit für

a) den k-ten Treffer im n-ten Versuch (Ereignis A_4).
Es treten k Treffer und (n – k) Nichttreffer auf. Da der k-te Treffer im n-ten Versuch festliegt, können die restlichen (k – 1) Treffer auf (n – 1) Plätze verteilt werden.

$$P(A_4) = \binom{n-1}{k-1} \cdot p^k \cdot (1-p)^{n-k}$$

Anmerkung:
Die zugehörige Wahrscheinlichkeitsverteilung heißt Pascal-Verteilung.

b) den k-ten Treffer frühestens im n-ten Versuch (Ereignis A_5).
Der k-te Treffer tritt dann frühestens im n-ten Versuch auf, wenn unter den ersten (n – 1) Versuchen höchstens (k – 1) Treffer zu verzeichnen sind, wobei der (k – 1)-te Treffer nicht notwendig im (n – 1)-ten Versuch auftreten muß, d. h. wir haben eine Bernoulli-Kette der Länge (n – 1) zu betrachten, in der höchstens (k – 1) Treffer auftreten.

$$P(A_5) = P(X \leq k-1) = \sum_{i=0}^{k-1} \binom{n-1}{i} \cdot p^i \cdot (1-p)^{n-1-i}$$

c) den k-ten Treffer spätestens im n-ten Versuch (Ereignis A_6).

Die Wahrscheinlichkeit wird über das Gegenereignis $\overline{A}_6$ berechnet, daß in n Versuchen höchstens (k – 1) Treffer aufgetreten sind.

$$P(A_6) = 1 - (\overline{A}_6) = 1 - P(X \leq k-1) = 1 - \sum_{i=0}^{k-1} \binom{n}{i} \cdot p^i \cdot (1-p)^{n-1}$$

Anmerkung:

1. Für k = 1 erhält man die Wahrscheinlichkeit des Ereignisses A_3.
2. Das Ereignis A_6 entspricht dem Ereignis der Aufgabe (1) c), d. h. mindestens k Treffer bei n Versuchen.

d) den k-ten Treffer frühestens im r-ten und spätestens im n-ten Versuch (Ereignis A_7).
Der k-te Treffer kann im r-ten, (r + 1)-ten, ... oder im n-ten Versuch auftreten, d. h. im n-ten Versuch müssen mindestens k Treffer, im (r – 1)-ten Versuch dagegen dürfen höchsten (k – 1)-Erfolge aufgetreten sein.

$$P(A_7) = \sum_{i=k}^{n} \binom{n}{i} \cdot p^i \cdot (1-p)^{n-i} - \sum_{i=k}^{r-1} \binom{r-1}{i} \cdot p^i \cdot (1-p)^{r-1-i} =$$

$$= \left[1 - \sum_{i=0}^{k-1} \binom{n}{i} \cdot p^i \cdot (1-p)^{n-i}\right] -$$

$$- \left[1 - \sum_{i=0}^{k-1} \binom{r-1}{i} \cdot p^i \cdot (1-p)^{r-1-i}\right] =$$

$$= \sum_{i=0}^{k-1} \binom{r-1}{i} \cdot p^i \cdot (1-p)^{r-1-i} - \sum_{i=0}^{k-1} \binom{n}{i} \cdot p^i \cdot (1-p)^{n-i}$$

oder zur Berechnung mit dem Taschenrechner als Folge aus a indem man die Wahrscheinlichkeiten $P(A_4)$ von r bis n aufsummiert:

$$P(A_7) = \sum_{i=r}^{n} \binom{i-1}{k-1} \cdot p^k \cdot (1-p)^{i-k}$$

e) den ersten Treffer im r-ten Versuch und den k-ten Treffer im n-ten Versuch (Ereignis A_8)?
Es treten k Treffer und (n – k) Nichttreffer auf. Da die Plätze für (r – 1) Nichttreffer am Anfang, für den ersten Treffer und den k-ten Treffer bereits festliegen, d. h. (r + 1) Plätze belegt sind, können die restlichen (k – 2) Treffer nur noch auf (n – r – 1) Plätze verteilt werden.

$$P(A_8) = \binom{n-r-1}{k-2} \cdot p^k \cdot (1-p)^{n-k}$$

Beispiel wie bei (1):

Wie groß ist die Wahrscheinlichkeit für

a) den 3. Treffer im 10. Versuch,

$$P(A_4) = \binom{10-1}{3-1} \cdot \left(\frac{1}{6}\right)^3 \cdot \left(\frac{5}{6}\right)^7 = \binom{9}{2} \cdot \left(\frac{1}{6}\right)^3 \cdot \left(\frac{5}{6}\right)^7 = 0{,}04651 = 4{,}65\ \%$$

b) den 3. Treffer frühestens im 10. Versuch,

$$P(A_5) = \sum_{i=0}^{2} \binom{9}{i} \cdot \left(\frac{1}{6}\right)^i \cdot \left(\frac{5}{6}\right)^{9-i} = 0{,}82174 = 82{,}17\ \%$$

c) den 3. Treffer spätestens im 10. Versuch,

$$P(A_6) = 1 - \sum_{i=0}^{2} \binom{10}{i} \cdot \left(\frac{1}{6}\right)^i \cdot \left(\frac{5}{6}\right)^{10-i} = 0{,}22477 = 22{,}48\ \%$$

d) den 3. Treffer frühestens im 5. und spätestens im 10. Versuch,

$$P(A_7) = \sum_{i=0}^{2} \binom{4}{i} \cdot \left(\frac{1}{6}\right)^i \cdot \left(\frac{5}{6}\right)^{4-i} - \sum_{i=0}^{2} \binom{10}{i} \cdot \left(\frac{1}{6}\right)^i \cdot \left(\frac{5}{6}\right)^{10-i} = 0{,}98380 - 0{,}77523 = 0{,}20857 = 20{,}86\ \%$$

e) den 1. Treffer im 5. Versuch und den 3. Treffer im 10 .Versuch?

$$P(A_8) = \binom{10-5-1}{3-2} \cdot \left(\frac{1}{6}\right)^3 \cdot \left(\frac{5}{6}\right)^7 = \binom{4}{1} \cdot \left(\frac{1}{6}\right)^3 \cdot \left(\frac{5}{6}\right)^7 = 0{,}00517 = 0{,}52\ \%$$

V. Zufallsgrößen und ihre Verteilungen

1. Zufallsgrößen, Wahrscheinlichkeits- und Verteilungsfunktion

Eine Abbildung $X: \Omega \to \mathbb{R}$, die jedem Ergebnis $\omega \in \Omega$ eines Zufallsexperimentes eine reelle Zahl $X(\omega) \in \mathbb{R}$ zuordnet, heißt **Zufallsgröße X.**

Anmerkungen:

1. Die Zufallsgröße X heißt **diskret**, wenn sie nur abzählbar viele Werte annehmen kann.
2. Die von der Zufallsgröße X angenommenen Werte bezeichnet man mit x_i. Für das Ereignis $\{\omega \mid X(\omega) = x_i\}$ schreibt man kurz $X = x_i$.
3. Zufallsgrößen lassen sich auch durch Zusammensetzung von Zufallsgrößen bilden, wie z. B. $Y = X - 3$, $Y = X_1 + X_2$, etc. (Siehe auch unter den Aufgaben).

Über dem Ergebnisraum Ω eines Zufallsexperimentes sei eine Wahrscheinlichkeitsverteilung P definiert. Die Abbildung W: $x_i \mapsto P(X = x_i)$ heißt **Wahrscheinlichkeitsverteilung** oder **Wahrscheinlichkeitsfunktion** der Zufallsgröße X.

Die Funktion F: $X \mapsto F(x) = P(X \leq x)$ mit $D_F = \mathbb{R}$ heißt **kumulative Verteilungsfunktion** der Zufallsgröße X.

Anmerkung:
Die Zufallsgröße X heißt **stetig**, wenn für ihre Verteilungsfunktion $F: x \mapsto F(x) = P(X \leq x)$ gilt: $F'(x) = f(x)$ und F stetig.
Die Funktion f heißt **Dichtefunktion** oder **Wahrscheinlichkeitsdichte**.

F kann also in der Form $F(x) = \int_{-\infty}^{x} f(t)\, dt$ dargestellt werden.

Berechnungsmöglichkeiten mit Hilfe der Verteilungsfunktion:

1. $P(X \leq a) = F(a)$
2. $P(X > b) = 1 - P(X \leq b) = 1 - F(b)$
3. $P(a < X \leq b) = F(b) - F(a)$

Beispiel:

Eine L-Münze wird zweimal geworfen.

a) Gib den Ergebnisraum Ω an.

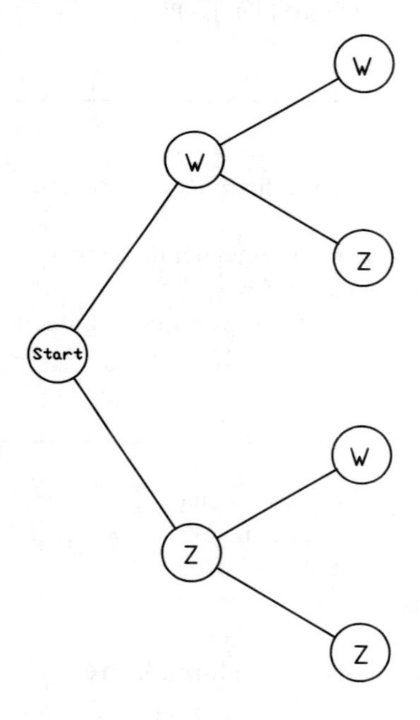

$\Omega = \{WW, WZ, ZW, ZZ\}$

b) Das Zufallsexperiment wird zu einem Glücksspiel verwendet. Man erhält 2 DM, wenn zweimal Wappen fällt, 1 DM bei einmal Wappen. Man muß 2 DM bezahlen, wenn zweimal Zahl fällt.
Die Zufallsgröße X gebe den Gewinn in DM an. Gib die Wahrscheinlichkeitsverteilung von X an.
$X : \Omega \rightarrow \mathbb{R}; X : \omega \mapsto X(\omega)$

Ergebnis ω	WW	WZ	ZW	ZZ
Gewinn x_i in DM	2	1	1	-2

$W: x_i \mapsto P(X = x_i)$

Gewinn x_i in DM	2	1	-2
$P(X = x_i)$	$\frac{1}{4}$	$\frac{1}{2}$	$\frac{1}{4}$

c) Bestimme die Verteilungsfunktion F und dann daraus, mit welcher Wahrscheinlichkeit man höchstens 1 DM gewinnt.

$$F(x) = \begin{cases} 0 & \text{für } x < -2 \\ 0{,}25 & \text{für } -2 \leq x < 1 \\ 0{,}75 & \text{für } 1 \leq x < 2 \\ 1 & \text{für } x \geq 2 \end{cases}$$

$P(X \leq 1) = F(1) = 0{,}75$

d) Stelle die Wahrscheinlichkeitsfunktion und die Verteilungsfunktion graphisch dar.
Für die Wahrscheinlichkeitsfunktion gibt es drei verschiedene Möglichkeiten der Darstellung: Funktionsgraph, Stabdiagramm und Histogramm.

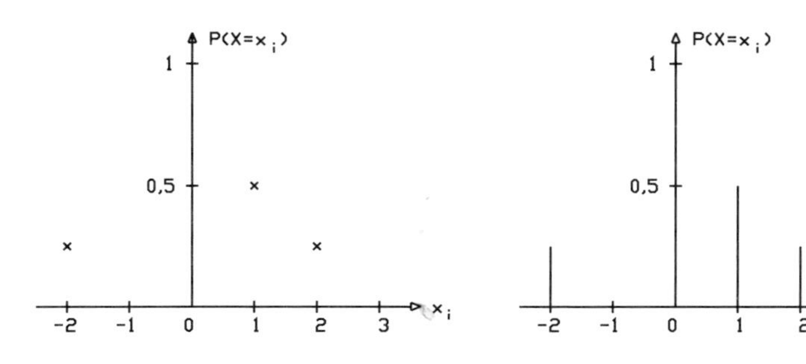

Funktionsgraph

Stabdiagramm
Die Stäbe haben die Länge
$W(x_i) = P(X = x_i)$.

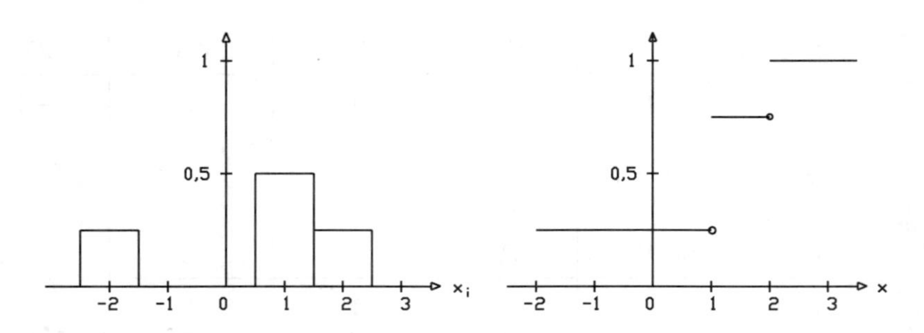

Histogramm mit $\Delta x = 1$ Verteilungsfunktion F

Die Flächeninhalte der Rechtecke haben den Wert $W(x_i) = P(X = x_i)$.
Die Verteilungsfunktion F einer diskreten Zufallsgröße X ist eine Treppenfunktion, die an den Stellen $x = x_i$ Sprünge der Höhe $h_i = P(X = x_i)$ macht.
Die Verteilungsfunktion F ist monoton zunehmend und rechtsseitig stetig.
Es gilt: $\lim\limits_{x \to -\infty} F(x) = 0$ und $\lim\limits_{x \to +\infty} F(x) = 1$, d. h.

F ist wegen $0 \leq F(x) \leq 1$ beschränkt.

2. Maßzahlen einer Zufallsgröße; Standardisierung

a) Erwartungswert

Zufallsgrößen sind eindeutig bestimmt, wenn man ihre Wahrscheinlichkeitsverteilung kennt. Diese Angabe ist manchmal recht umständlich, so daß man versucht, die Informationen, die in der Verteilung einer Zufallsgröße stecken, durch charakteristische Zahlenwerte zu verdeutlichen. Wenn man berücksichtigt, daß die Wahrscheinlichkeitsverteilung einer Zufallsgröße durch eine Gesamtheit von Beobachtungen gegeben ist, wird man versuchen, charakteristische Zahlenwerte so anzugeben, daß sie alle Beobachtungswerte repräsentieren.
Diese Werte lassen sich in zwei Gruppen einteilen. Die **Mittelwerte** geben einen Eindruck über die Lage einer Verteilung, die **Streuungswerte** über die Breite der Verteilung.
Da alle Werte auf eine Maßzahl verdichtet werden, ist im Vergleich zur Wahrscheinlichkeitsverteilung ein beträchtlicher Informationsverlust zu erwarten.

In Anlehnung an das arithmetische Mittel $\overline{x}$ bei relativen Häufigkeiten

$\overline{x} = \sum_{i=1}^{n} x_i h_i$ definiert man für die Zufallsgröße X einen entsprechenden Mittelwert.

> X sei eine diskrete Zufallsgröße, die die Werte x_i mit der Wahrscheinlichkeit $P(X = x_i)$ annimmt.
>
> $\mu = E(X) = \sum_i x_i \cdot P(X = x_i),\ i = 1, 2, \ldots$ heißt der
>
> **Erwartungswert** der diskreten Zufallsgröße X

Beispiele:

1. Siehe Beispiel 1. in V.1.
   Die Zufallsgröße X gibt den Gewinn in DM an.
   $\mu = E(X) = 2 \cdot 0{,}25 + 1 \cdot 0{,}5 + (-2) \cdot 0{,}25 = 0{,}5$
   Man erwartet im "Mittel" einen Gewinn von 0,50 DM pro Spiel.

   Beachte:
   Der Erwartungswert muß nicht notwendig einer der Werte sein, den die Zufallsgröße X annimmt.

2. Eine L-Münze wird solange geworfen, bis Wappen erscheint, höchstens jedoch viermal. Die Zufallsgröße X gebe die Anzahl der Würfe an.
   Gib die Wahrscheinlichkeitsverteilung von X an und berechne den Erwartungswert E (X).

x	1	2	3	4
P (X = x)	$\frac{1}{2}$	$\frac{1}{4}$	$\frac{1}{8}$	$\frac{1}{8}$

$P(X = 4) = 1 - \sum_{i=1}^{3} P(X = i)$

$$\mu = E(X) = 1 \cdot \frac{1}{2} + 2 \cdot \frac{1}{4} + 3 \cdot \frac{1}{8} + 4 \cdot \frac{1}{8} = \frac{15}{8} = 1{,}875$$

b) Varianz und Standardabweichung

Eine weitere Maßzahl soll die Streuung der Funktionswerte einer Zufallsgröße X um ihren Erwartungswert E (X) beschreiben, d. h. die mittlere Abweichung der Funktionswerte vom Erwartungswert soll durch eine Maßzahl charakterisiert werden. Das gebräuchlichste Streuungsmaß ist die mittlere quadratische Abweichung, d. h. der Erwartungswert der quadratischen Abweichungen vom Erwartungswert E (X).

X sei eine diskrete Zufallsgröße mit dem Erwartungswert $\mu = E(X)$, die die Werte x_i mit der Wahrscheinlichkeit $P(X = x_i)$ annimmt.

$$\text{Var}(X) = E[(X - E(X))^2] = \sum_i (x_i - \mu)^2 \cdot P(X = x_i)$$

heißt die **Varianz** der diskreten Zufallsgröße X.

Anmerkung:
Die Varianz als Streuungsmaß hat zwei bemerkenswerte Nachteile:
1. Die Abweichungen größer als 1 vom Erwartungswert (z. B. Ausreißer) sind wegen der Quadratur gewichtiger als Abweichungen kleiner als 1.
2. Die Benennung der Varianz stimmt nicht mit der Benennung der Zufallsgröße X überein.

Wegen der zuletzt genannten Eigenschaft führt man ein

$\sigma(X) = \sqrt{\text{Var}(X)}$ heißt **Standardabweichung** der Zufallsgröße X.

Beispiel:

Siehe Beispiel 1. in V. 1.
Die Zufallsgröße X gibt den Gewinn in DM an. Mit $\mu = E(X) = 0{,}5$ gilt:

$$\text{Var}(X) = \left(2 - \frac{1}{2}\right)^2 \cdot \frac{1}{4} + \left(1 - \frac{1}{2}\right)^2 \cdot \frac{1}{2} + \left(-2 - \frac{1}{2}\right)^2 \cdot \frac{1}{4} = 2{,}25$$

$$\sigma(X) = \sqrt{\text{Var}(X)} = 1{,}50 \text{ (DM)}$$

c) Eigenschaften von Erwartungswert und Varianz; Standardisierung

1. Für alle a, b $\in \mathbb{R}$ gilt:

$$E(a \cdot X + b) = a \cdot E(X) + b$$

Sonderfälle: $E(b) = b$; $E(aX) = a \cdot E(X)$

$$\mathrm{Var}(a \cdot X + b) = a^2 \cdot \mathrm{Var}(X)$$
$$\sigma(a \cdot X + b) = |a| \cdot \sigma(X)$$

Sonderfälle: $\mathrm{Var}(b) = 0$; $\mathrm{Var}(aX) = a^2 \cdot \mathrm{Var}(X)$
$\sigma(b) = 0$; $\sigma(aX) = |a| \cdot \sigma(X)$

2. X, Y seien beliebige Zufallsgrößen

$$E(X + Y) = E(X) + E(Y)$$

3. X, Y seien stochastisch unabhängige Zufallsgrößen; a, b $\in \mathbb{R}$

$$E(X \cdot Y) = E(X) \cdot E(Y)$$
$$\mathrm{Var}(aX + bY) = a^2 \cdot \mathrm{Var}(X) + b^2 \cdot \mathrm{Var}(Y)$$

Sonderfall: $\mathrm{Var}(X - Y) = \mathrm{Var}(X) + \mathrm{Var}(Y)$

4. Verschiebungssatz

$$\mathrm{Var}(X) = E(X^2) - [E(X)]^2$$

5. Standardisierung

> Eine Zufallsgröße Z mit E (Z) = 0 und σ (Z) = 1 heißt **standardisiert**:
> Zu jeder Zufallsgröße X ist $Z = \frac{X - E(X)}{\sigma(X)}$ die standardisierte Zufallsgröße.

Anmerkung:
Unterscheide die Zufallsgrößen Y = X + X und Z = 2 · X.

Für Y = X + X gilt: $E(Y) = E(X + X) = E(X) + E(X) = 2 \cdot E(X)$; $Var(Y) = Var(X + X) = Var(X) + Var(X) = 2 \cdot Var(X)$

Für Z = 2 · X gilt: $E(Z) = E(2 \cdot X) = 2 \cdot E(X)$; $Var(Z) = Var(2 \cdot X) = 4 \cdot Var(X)$

Beispiel:

Die Zufallsgröße X habe die angegebene tabellarische Verteilung:

x_i	2	3
$P(X = x_i)$	0,4	0,6

$E(X) = 2 \cdot 0{,}4 + 3 \cdot 0{,}6 = 2{,}6$
$Var(X) = 4 \cdot 0{,}4 + 9 \cdot 0{,}6 - 2{,}6^2 = 0{,}24$

Y = X + X: Die Zufallsgröße Y nimmt die Werte 4, 5 und 6 an.
Für die Wahrscheinlichkeitsverteilung gilt:

Y	4	5	6
P (Y = y)	0,16	0,48	0,36

$E(Y) = 2 \cdot E(X) = 5{,}2$; $Var(Y) = 2 \cdot Var(X) = 0{,}48$
Diese Werte erhält man auch bei direkter Berechnung.

$Z = 2 \cdot X$: Die Zufallsgröße Z nimmt die Werte 4 und 6 an.
Für die Wahrscheinlichkeitsverteilung gilt:

z	4	6
P (Z = z)	0,4	0,6

$E(Z) = E(2 \cdot X) = 2 \cdot E(X) = 5{,}2$; $Var(Z) = Var(2 \cdot X) = 4 \cdot Var(X) = 0{,}96$
Diese Werte erhält man auch bei direkter Berechnung.

3. Binomialverteilung und hypergeometrische Verteilung

a) Binomialverteilung

Die Binomialverteilung beschreibt das "Ziehen mit Zurücklegen" bzw. die wiederholte Ausführung eines Zufallsexperimentes unter jeweils gleichen Bedingungen. Ein Bernoulli-Experiment (siehe IV. 3.) werde n mal unabhängig hintereinander ausgeführt, wobei jeweils das Eintreten des Ereignisses A bzw. des Ereignisses $\overline{A}$ betrachtet wird. Das Ereignis A trete mit der Wahrscheinlichkeit $p = P(A)$ auf. Die Zufallsgröße X gebe die Anzahl des Auftretens von A an.

Die Zufallsgröße X heißt **binomialverteilt** mit den Parametern n und p, wenn für ihre Wahrscheinlichkeitsfunktion gilt:

$$P(X = k) = B_p^n(X = k) = \binom{n}{k} \cdot p^k \cdot (1-p)^{n-k},\ k = 0, 1, 2, \ldots, n.$$

Der Buchstabe B steht für Binomialverteilung.

Für die Verteilungsfunktion F gilt:

$$F(x) = B_p^n(X \leq x) = \sum_{k \leq x} \binom{n}{k} \cdot p^k \cdot (1-p)^{n-k},\ k \text{ ganzzahlig mit } 0 \leq k \leq n.$$

Für die Maßzahlen gilt:

$$E(X) = n \cdot p;\ Var(X) = n \cdot p \cdot (1-p);\ \sigma(X) = \sqrt{Var(X)}$$

Anmerkung:
Die Werte für die Binomialverteilung sind für gebräuchliche p und n tabelliert.

Beispiele:

1. $n = 4,\ p = \frac{1}{3}$, d. h. $P(X = k) = B^{4}_{\frac{1}{3}}(X = k)$

k	0	1	2	3	4
P (X = k)	0,198	0,395	0,296	0,099	0,012

Für die Verteilungsfunktion F gilt:

$$F(x) = \begin{cases} 0 & \text{für } x < 0 \\ 0{,}198 & \text{für } 0 \leq x < 1 \\ 0{,}593 & \text{für } 1 \leq x < 2 \\ 0{,}889 & \text{für } 2 \leq x < 3 \\ 0{,}988 & \text{für } 3 \leq x < 4 \\ 1 & \text{für } x \geq 4 \end{cases}$$

Für die Maßzahlen erhält man:

$$E(X) = \frac{4}{3};\ \mathrm{Var}(X) = \frac{8}{9};\ \sigma(X) = \sqrt{\frac{8}{9}} = 0{,}94$$

2. An einer Tankstelle tanken ankommende Autos mit einer Wahrscheinlichkeit von 30 % Dieselkraftstoff.

a) Mit welcher Wahrscheinlichkeit tanken von den nächsten 10 Fahrzeugen

(1) genau fünf,

$$P(X = 5) = B^{10}_{0,3}(X = 5) = 0{,}10292 = 10{,}29\ \%$$

(2) höchstens sechs,

$$P(X \leq 6) = B^{10}_{0,3}(X \leq 6) = 0{,}98941 = 98{,}94\ \%$$

(3) mindestens eines Dieselkraftstoff?

$$P(X \geq 1) = 1 - P(X = 0) = 1 - B^{10}_{0,3}(X = 0) = 1 - 0{,}02825 =$$

$$= 0{,}97175 = 97{,}18\ \%$$

b) Wieviele "Dieseltanker" erwartet man unter den nächsten 100 Tankkunden?

$E(X) = n \cdot p = 100 \cdot 0{,}3 = 30$

b) Hypergeometrische Verteilung

Die hypergeometrische Verteilung beschreibt das **"Ziehen ohne Zurücklegen"**. Aus einer Menge mit N Elementen, von denen K das Merkmal A besitzen, werden n Elemente zufällig entnommen. Die Zufallsgröße X gebe die Anzahl der gezogenen Elemente mit der Eigenschaft A an.

> Die Zufallsgröße X heißt **hypergeometrisch verteilt** mit den Parametern n, N und K ($n \leq N$; $K \leq N$), wenn für ihre Wahrscheinlichkeitsfunktion gilt:
>
> $$P(X = k) = \frac{\binom{K}{k} \cdot \binom{N-K}{n-k}}{\binom{N}{n}}, \; k = 0, 1, 2, ..., n.$$

Für die Verteilungsfunktion F gilt:

$$F(x) = P(X \leq x) = \sum_{k \leq x} P(X = k), \text{ k ganzzahlig mit } 0 \leq k \leq n.$$

Für die Maßzahlen gilt:

$$E(X) = n \cdot \frac{K}{N}; \quad Var(X) = n \cdot \frac{K}{N} \cdot \frac{N-K}{N} \cdot \frac{N-n}{N-1}; \qquad \sigma(X) = \sqrt{Var(X)}$$

Anmerkungen:

1. Setzt man $\frac{K}{N} = p$, so gilt $E(X) = n \cdot \frac{K}{N} = n \cdot p$, d. h. die hypergeometrische Verteilung hat den gleichen Erwartungswert wie die entsprechende Binomialverteilung.

2. Mit $\frac{K}{N} = p$ gilt:

   $$\lim_{N \to \infty} \frac{\binom{K}{k} \cdot \binom{N-K}{n-k}}{\binom{N}{n}} = \binom{n}{k} \cdot p^k \cdot (1-p)^{n-k}, \text{ d.h. falls}$$

   $n << \min(N, K, N-K)$ gilt, kann die (aufwendigere) hypergeometrische Verteilung recht gut durch die (einfachere, weil tabellierte) Binomialverteilung ersetzt werden.

Beispiele:

1. Für N = 50, K = 10 und n = 4 gilt: $P(X = k) = \frac{\binom{10}{k} \cdot \binom{40}{4-k}}{\binom{50}{4}}$

k	0	1	2	3	4
P (X = k)	0,397	0,429	0,152	0,021	0,001

Für die Verteilungsfunktion F gilt:

$$F(x) = \begin{cases} 0 & \text{für } x < 0 \\ 0{,}397 & \text{für } 0 \le x < 1 \\ 0{,}826 & \text{für } 1 \le x < 2 \\ 0{,}978 & \text{für } 2 \le x < 3 \\ 0{,}99 & \text{für } 3 \le x < 4 \\ 1 & \text{für } x \ge 4 \end{cases}$$

Für Maßzahlen gilt.

$E(X) = 4 \cdot \frac{10}{50} = 0{,}8$; $Var(X) = 0{,}60$; $\sigma(X) = 0{,}78$

2. Ein Massenartikel wird mit einer Ausschußquote von 10 % hergestellt. Es werden 100 Stück der laufenden Produktion entnommen und überprüft. Mit welcher Wahrscheinlichkeit findet man 9 Ausschußstücke?
Da nur der Anteil p = 0,1 der Ausschußstücke gegeben ist, kann bei der Überprüfung (Ziehen ohne Zurücklegen) die Näherung durch die Binomialverteilung (Ziehen mit Zurücklegen) verwendet werden.
$P(X = 9) = B_{0,1}^{100}(X = 9) = 0{,}13042 = 13{,}04\ \%$

4. Poissonverteilung

Bei großem n und kleinem p ist die Berechnung der Wahrscheinlichkeit nach der Binomialverteilung im allgemeinen recht langwierig.

Aus Grenzwertbetrachtungen ergibt sich $\lim_{n \to \infty} B_p^n(X = k) = \frac{\mu^k}{k!} \cdot e^{-\mu}$, d. h. für "große" n und "kleine" p (Faustregel: $p \le 0{,}1$ und $n \ge 100$) gilt als Näherung für die Binomialverteilung $B_p^n(X = k) \approx \frac{\mu^k}{k!} e^{-\mu}$.

Da aber diese Verteilung nicht nur eine Näherung für die Binomialverteilung B_p^n, sondern eine "eigenständige" Verteilung ist, schreibt man häufig anstelle des Parameters μ auch den Parameter λ.

> Die Zufallsgröße X heißt **poissonverteilt** mit dem Parameter μ (λ), wenn für ihre Wahrscheinlichkeitsfunktion gilt:
>
> $$P(X = k) = P_\mu(X = k) = \frac{\mu^k}{k!}\, e^{-\mu} \quad \left(P(X = k) = P_\lambda(X = k) = \frac{\lambda^k}{k!}\, e^{-\lambda}\right)$$
>
> $k = 0, 1, 2, \ldots$.

Für die Verteilungsfunktion F gilt:

$$F(x) = P(X \leq x) = e^{-\mu} \sum_{k \leq x} \frac{\mu^k}{k!}$$

Für die Maßzahlen gilt:

$E(X) = \mu$; $Var(X) = \mu$; $\sigma(X) = \sqrt{\mu}$

Anwendung der Poisson-Verteilung

(1) Als Näherung der Binomialverteilung bei "seltenen" Ereignissen, d. h. für kleines p und genügend großes n.

Beispiel:

Blumensamen sind in Packungen zu 1.000 Körnern erhältlich. Es ist bekannt, daß 0,5 % der Körner nicht keimt. Mit welcher Wahrscheinlichkeit sind in einer Packung mehr als acht nicht keimende Samenkörner?
Die Zufallsgröße X sei die Anzahl der nicht keimenden Samen. Dann gilt:

$$P(X > 8) = 1 - P(X \leq 8) = 1 - B_{0{,}005}^{1.000}(X \leq 8) \approx 1 - P_5(X \leq 8) =$$

$$= 1 - 0{,}93191 = 0{,}06809 \approx 6{,}81\ \%$$

Mit einer Wahrscheinlichkeit von 6,81 % sind in einer Packung mehr als acht nichtkeimende Samenkörner.

(2) Zur Beschreibung von Ereignissen, bei denen nur der Mittelwert μ bekannt ist.

Beispiel:

Einen einsamen Grenzübergang passieren im Schnitt nur drei Autos pro Tag. Mit welcher Wahrscheinlichkeit passieren morgen vier Autos?
Die Zufallsgröße X gebe die Anzahl der Autos pro Tag an, dann gilt
$\mu = 3, k = 4$:

$$P_3(X = 4) = \frac{\mu^k}{k!} e^{-\mu} = \frac{3^4}{4!} e^{-3} = 0{,}16803 = 16{,}80\ \%$$

Mit einer Wahrscheinlichkeit von 16,80 % passieren morgen vier Autos den Grenzübergang.

(3) Als Beschreibung oder Überprüfung einer empirischen Verteilung.

Beispiel:

Eine Großbäckerei verarbeitet täglich 2.000 Eier. Eine Aufschreibung über die letzten 200 Tage ergab die folgende Verteilung der "Zweidottereier":

Anzahl der Zweidottereier	0	1	2	3	4	5 oder mehr
Anzahl der Tage	110	65	21	3	1	0

Überprüfe, ob die Anzahl der Zweidottereier poissonverteilt ist.
Die Zufallsgröße X gebe die Anzahl der Zweidottereier an.

Dann gilt: $\mu = \frac{1}{200}(0 \cdot 110 + 65 + 42 + 9 + 4) = 0{,}6$.

Wir berechnen die Wahrscheinlichkeiten $P_{0,6}(X = k)$, multiplizieren diese Werte mit 200 und vergleichen die Ergebnisse mit den beobachteten Werten.

Anzahl k der Zweidottereier	0	1	2	3	4	5 oder mehr
Anzahl der Tage	110	65	21	3	1	0
$P_{0,6}(X = k)$	0,549	0,329	0,099	0,020	0,003	0
$200 \cdot P_{0,6}(X = k)$	109,8	65,8	19,8	4	0,6	0

Die errechneten Werte stimmen mit den beobachteten recht gut überein, d. h. die Anzahl der Zweidottereier ist nahezu $P_{0,6}$ - verteilt.

5. Normalverteilung und Grenzwertsätze von Moivre und Laplace

a) Normalverteilung

Diese symmetrische, von C. F. Gauß bei der Untersuchung von Meßfehlern eingeführte Verteilung, die Normalverteilung, ist die zentrale Verteilung der Wahrscheinlichkeitsrechnung und der Statistik, weil viele Zufallsgrößen, die in der Praxis bei Experimenten und Beobachtungen auftreten, dieser Verteilung oder nahezu dieser Verteilung genügen. Außerdem sind Zufallsgrößen dann normalverteilt, wenn sie durch Überlagerung von vielen, verschiedene Einflüsse beschreibenden Zufallsgrößen entstehen, wobei jede dieser Einflußgrößen nur eine unbedeutenden Beitrag zur Gesamtsumme liefert (siehe V. 6. b), Zentraler Grenzwertsatz).

Die Zufallsgröße X heißt **normalverteilt** mit den Parametern μ und σ, wenn für die Dichtefunktion f gilt:

$$f(x) = \frac{1}{\sqrt{2\pi}\sigma} \cdot e^{-\frac{(x-\mu)^2}{2\sigma^2}} \qquad \text{für } x \in \mathbb{R}, \mu \in \mathbb{R}, \sigma \in \mathbb{R}^+$$

Abkürzung: X ist N (μ; σ) - verteilt.

Für die Verteilungsfunktion F gilt:

$$F(x) = \frac{1}{\sqrt{2\pi}\,\sigma} \int_{-\infty}^{x} e^{-\frac{(t-\mu)^2}{2\sigma^2}}\, dt, \qquad x \in \mathbb{R}$$

Für die Maßzahlen gilt:

$E(X) = \mu$; $Var(X) = \sigma^2$

Für $\mu = 1$ und $\sigma = 1{,}5$ erhält man folgende Darstellung:

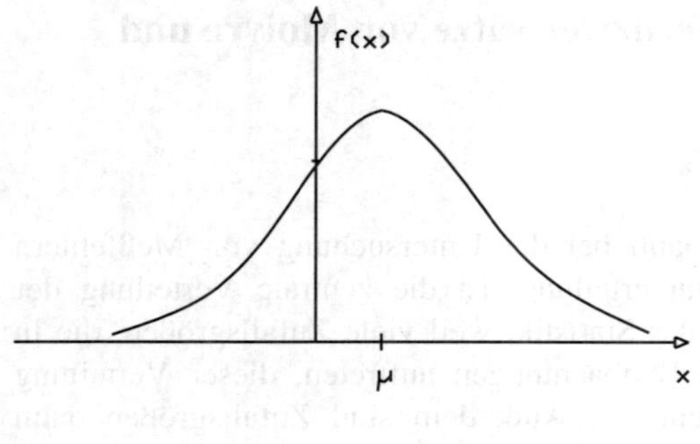

Diese Kurve heißt
Gaußsche Kurve

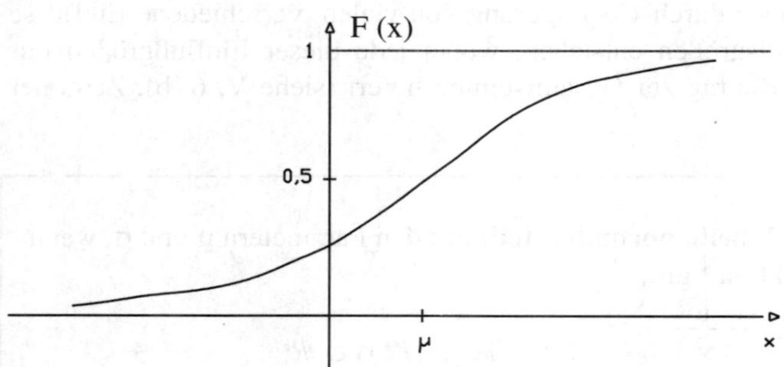

Jede N (μ; σ) verteilte Zufallsgröße X kann durch $U = \dfrac{X - \mu}{\sigma}$ auf eine N (0; 1) - verteilte transformiert werden.

Die Gauß-Funktion $\varphi: X \mapsto \varphi(x) = \dfrac{1}{\sqrt{2\pi}} e^{-\frac{x^2}{2}}$ sowie die Gaußsche

Summenfunktion $\Phi: x \mapsto \Phi(x) \dfrac{1}{\sqrt{2\pi}} \int_{-\infty}^{x} e^{-\frac{t^2}{2}} dt$ sind tabelliert.

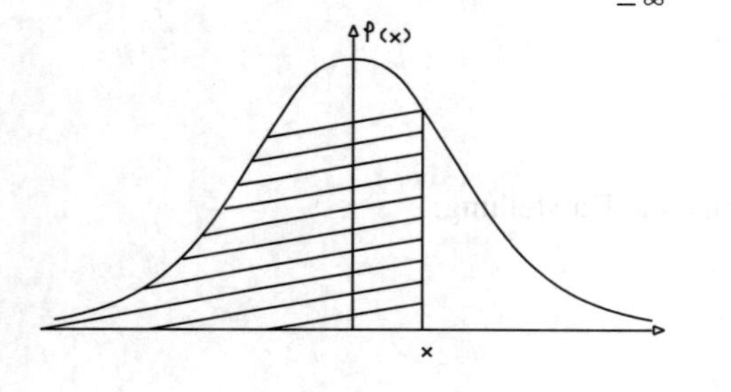

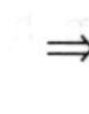

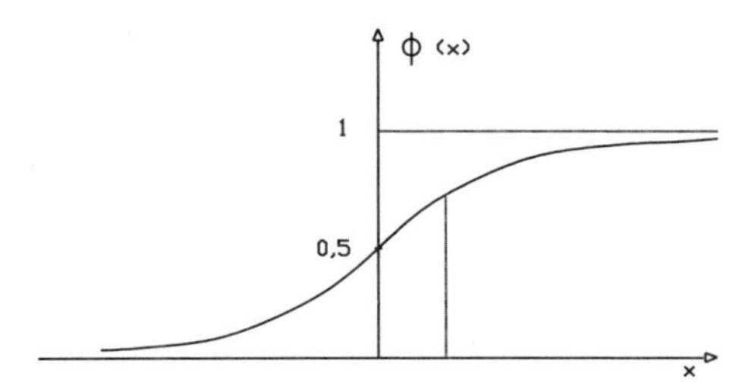

Φ (x) ist die Maßzahl der Fläche, die die Gaußsche Kurve φ mit der x-Achse einschließt.

Beispiel:

Bei der Herstellung von Schrauben ist deren Länge normalverteilt mit $\mu = 10$ cm und $\sigma = 0,1$ mm. Mit welcher Wahrscheinlichkeit erhält man Schrauben,
(1) die länger als 10,02 cm sind?
(2) die kürzer als 9,99 cm sind?

Lösung:

Die Zufallsgröße X gebe die Schraubenlänge an.

(1) $P(X > 10{,}02) = 1 - P(X < 10{,}02) = 1 - \Phi\left(\frac{10{,}02 - 10}{0{,}01}\right) = 1 - \Phi(2) =$
$= 1 - 0{,}97725 = 0{,}02275 = 2{,}28\ \%$

Mit einer Wahrscheinlichkeit von 2,28 % sind die Schrauben länger als 10,02 cm.

(2) $P(X > 9{,}99) = \Phi\left(\frac{9{,}99 - 10}{0{,}01}\right) = \Phi(-1) = 1 - \Phi(1) = 0{,}15866 =$
$= 15{,}87\ \%$

Mit einer Wahrscheinlichkeit von 15,87 % sind die Schrauben kürzer als 9,99 cm.

b) Grenzwertsätze von Moivre und Laplace

(1) Lokaler Grenzwertsatz von Moivre und Laplace

Die Binomialverteilung B_p^n wird standardisiert durch die Abbildung

$$k \mapsto x = \frac{k - \mu}{\sigma} \text{ und } B_p^n(X = k) \mapsto y = \sigma \cdot B_p^n(X = k)$$

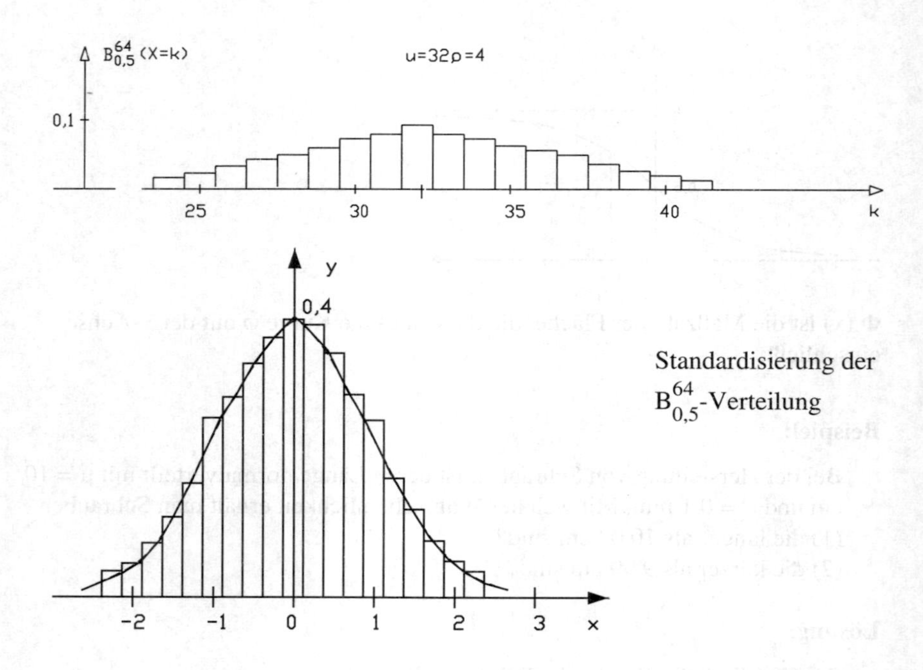

Standardisierung der $B_{0,5}^{64}$-Verteilung

Mit wachsendem n nähert sich die Dichtefunktion der standardisierten Binomialverteilung immer mehr an die Gauß-Funktion (Gaußsche Glockenkurve) an.

Es gilt:

Die Dichtefunktion f_n der standardisierten Binomialverteilung B_p^n nähern sich mit wachsendem n der Gaußfunktion φ mit $\varphi(x) = \frac{1}{\sqrt{2\pi}} e^{-\frac{x^2}{2}}$.

Für große n gilt:

$$B_p^n(X = k) = \frac{1}{\sigma} \varphi \left(\frac{k - \mu}{\sigma}\right) \text{ mit } \mu = E(X) = n \cdot p \text{ und } \sigma = \sigma(X) = \sqrt{n \cdot p(1 - p)}$$

Faustregel:

Die Näherung liefert brauchbare Werte für $\sigma^2 = n \cdot p \cdot (1 - p) > 9$

oder

$n \cdot p > 4 \wedge n \cdot (1 - p) > 4$

Beispiele:

1. $B_{0,5}^{100}(X = 60) = 0{,}01084$ (genauer Wert)

   Näherung: $\mu = n \cdot p = 50$; $\sigma = \sqrt{n \cdot p\,(1 - p)} = 5$

   $$B_{0,5}^{100}(X = 60) \approx \frac{1}{\sigma}\,\varphi\left(\frac{k - \mu}{\sigma}\right) = \frac{1}{5}\,\varphi\left(\frac{60 - 50}{5}\right) = \frac{1}{5} \cdot \varphi(2) =$$

   $$= \frac{1}{5} \cdot 0{,}05399 = 0{,}01080$$

2. Verwendung der Näherung besonders dann, wenn die Werte der Binomialverteilung nicht tabelliert sind und die Taschenrechnerkapazität nicht ausreicht.

   Berechne $B_{0,81}^{199}(X = 147)$

   Näherung: $\mu = n \cdot p = 161{,}19$; $\sigma = \sqrt{n \cdot p\,(1 - p)} = 5{,}534$

   $$B_{0,81}^{199}(X = 147) \approx \frac{1}{5{,}534}\,\varphi\left(\frac{147 - 161{,}19}{5{,}534}\right) = \frac{1}{5{,}534}\,\varphi(-2{,}56) =$$

   $$= \frac{1}{5{,}534} \cdot 0{,}01545 = 0{,}00278$$

(2) Integralgrenzwertsatz (globale Näherungsformel) von Moivre und Laplace

Entsprechend der Überlegungen bei der Normalverteilung (siehe 9.3.2.4.) gilt als Näherung für die kumulative Verteilungsfunktion der Binomialverteilung (beachte auch die "Stetigkeitskorrektur" in der Abbildung) die Gaußsche Summenfunktion:

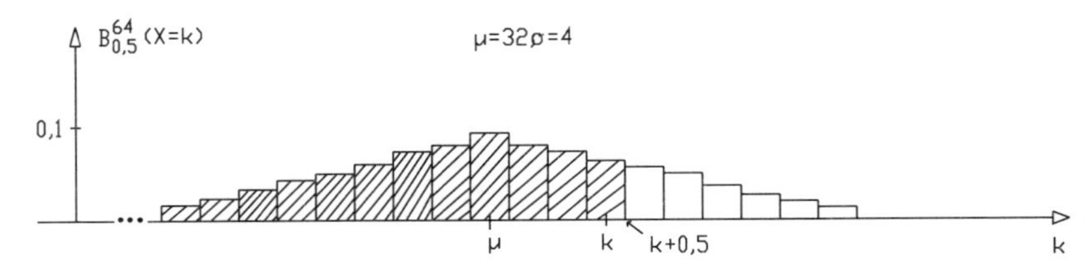

Für hinreichende große n gilt für die Binomialverteilung B_p^n:

$$B_p^n(X \leq k) \approx \Phi\left(\frac{k - \mu + 0{,}5}{\sigma}\right)$$

Weitere Berechnungsmöglichkeiten:

$$B_p^n(X < k) \approx \Phi\left(\frac{k-\mu-0{,}5}{\sigma}\right)$$

$$B_p^n(X \geq k) = 1 - B_p^n(X < k) \approx 1 - \Phi\left(\frac{k-\mu-0{,}5}{\sigma}\right)$$

$$B_p^n(k_1 \leq X \leq k_2) \approx \Phi\left(\frac{k_2-\mu+0{,}5}{\sigma}\right) - \Phi\left(\frac{k_1-\mu-0{,}5}{\sigma}\right)$$

$$B_p^n(k_1 < X \leq k_2) \approx \Phi\left(\frac{k_2-\mu+0{,}5}{\sigma}\right) - \Phi\left(\frac{k_1-\mu+0{,}5}{\sigma}\right)$$

$$B_p^n(k_1 \leq X < k_2) \approx \Phi\left(\frac{k_2-\mu-0{,}5}{\sigma}\right) - \Phi\left(\frac{k_1-\mu+0{,}5}{\sigma}\right)$$

Beispiel:

40 % aller Ehen in Deutschland sind kinderlos. Mit welcher Wahrscheinlichkeit befinden sich unter 182 auf gut Glück ausgewählten Ehenpaaren höchstens 80 kinderlose?

$\mu = n \cdot p = 182 \cdot 0{,}4 = 72{,}8;$ $\sigma = \sqrt{n \cdot p\,(1-p)} = 6{,}61$

$$B_{0,4}^{182}(X \leq 80) \approx \Phi\left(\frac{80-72{,}8+0{,}5}{6{,}61}\right) = \Phi\,(1{,}16) = 0{,}87698 = 87{,}70\ \%$$

Mit einer Wahrscheinlichkeit von 87,70 % befinden sich höchstens 80 kinderlose Ehepaare unter den 182 ausgewählten.

6. Tschebyschow-Ungleichung; Gesetze der großen Zahlen; zentraler Grenzwertsatz

a) Tschebyschow-Ungleichung

Eine Zufallsgröße X besitze den Erwartungswert $\mu = E(X)$ und die Varianz Var (X). Das Intervall $]\,\mu - a;\ \mu + a\,[$ liege symmetrisch um den Erwartungswert μ.

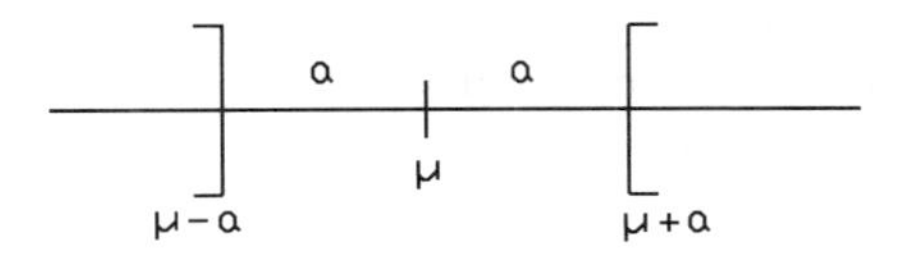

Mit welcher Wahrscheinlichkeit nimmt die Zufallsgröße X einen Wert an, der um mindestens a vom Erwartungswert abweicht, d. h. gesucht ist die Wahrscheinlichkeit $P(|X - \mu| \geq a)$.

Es gilt:

$$\text{Var}(X) = \sum (x_i - \mu)^2 \cdot P(X = x_i) = \sum_{|x_i - \mu| < a} (x_i - \mu)^2 \cdot P(X = x_i) +$$

$$+ \sum_{|x_i - \mu| \geq a} (x_i - \mu)^2 \cdot P(X = x_i) \geq \sum_{|x_i - \mu| \geq a} (x_i - \mu)^2 \cdot P(X = x_i) \geq$$

$$a^2 \cdot \sum_{|x_i - \mu| \geq a} P(X = x_i) = a^2 \cdot P(|X - \mu| \geq a)$$

$$\Rightarrow P(|X - \mu| \geq a) \leq \frac{\text{Var}(X)}{a^2}$$

Ungleichung von Tschebyschow:

Für $a > 0$ gilt: $P(|X - \mu| \geq a) \leq \dfrac{\text{Var}(X)}{a^2}$

Die Tschebyschow-Ungleichung ist nur für $\sigma(X) < a$ sinnvoll anwendbar.
Aus $P(|X - \mu| < a) = 1 - P(|X - \mu| \geq a)$ folgt eine andere Form der Ungleichung von Tschebyschow:

$$P(|X-\mu| < a) \geq 1 - \frac{Var(X)}{a^2}$$

Für $a = t \cdot \sigma$ erhält man $P(|X-\mu| < t \cdot \sigma) \geq 1 - \frac{\sigma^2}{t^2 \sigma^2} = 1 - \frac{1}{t^2}$

Die Abschätzung der Wahrscheinlichkeit z. B. für eine normalverteilte Zufallsgröße X mit Hilfe der Ungleichung von Tschebyschow ist sehr grob und ungenau; dennoch liefert sie häufig eine recht nützliche erste Abschätzung, weil sie unabhängig von der jeweiligen Verteilung gilt, wenn nur $\mu = E(X)$ und Var (X) für diese Verteilung zu berechnen (oder zu schätzen) sind.

Anmerkung:
Die Tschebyschow-Ungleichung $P(|X-\mu| \geq a) \leq \frac{Var(X)}{a^2}$ soll jetzt speziell auf binomialverteilte Zufallsgrößen angewendet werden.
Es gilt dann mit $\mu = n \cdot p$ und $Var(X) = n \cdot p \cdot (1-p)$

$$P(|X-np| \geq a) \leq \frac{np(1-p)}{a^2} \Rightarrow P\left(\left|\frac{X}{n} - p\right| \geq \frac{a}{n}\right) \leq \frac{n \cdot p \cdot (1-p)}{a^2}$$

Mit $H_n = \frac{X}{n}$ (relative Häufigkeit) erhält man

$$P\left(|H_n - p| \geq \frac{a}{n}\right) \leq \frac{p \cdot (1-p)}{n \cdot \frac{a^2}{n^2}} \Rightarrow P(|H_n - p| \geq b) \leq \frac{p \cdot (1-p)}{n \cdot b^2} \leq \frac{1}{4\,n\,b^2},$$

da $p(1-p) \leq \frac{1}{4}$ gilt.

b) Gesetze der großen Zahlen und zentraler Grenzwertsatz

(1) **Schwaches Gesetz** der großen Zahlen von Bernoulli
$$\lim_{n \to \infty} P(|H_n - p| < b) = 1$$

Dieser Satz sagt aus: Die Wahrscheinlichkeit, daß der Unterschied der relativen Häufigkeit von der Wahrscheinlichkeit eines Treffers kleiner als ein festgewählter Wert b ist, wächst mit zunehmenden n gegen 1, d. h. die relative Häufigkeit ist ein guter Schätzwert für die Wahrscheinlichkeit.

(2) **Starkes Gesetz** der großen Zahlen von Borel und Cantelli

$$P\left(\lim_{n \to \infty} H_n = p\right) = 1$$

Im starken Gesetz der großen Zahlen wird die Wahrscheinlichkeit für die Existenz eines Grenzwertes untersucht. Es sagt, aus, daß die relative Häufigkeit fast sicher gegen die zugehörige Wahrscheinlichkeit konvergiert.

(3) Nach V. 5. b) läßt sich eine binomialverteilte Zufallsgröße X durch die Sätze von Moivre und Laplace annähern. Es gilt:

$$B_p^n (X = k) \approx \frac{1}{\sigma} \varphi \left(\frac{k - \mu}{\sigma}\right) \text{ bzw. } B_p^n (X \leq k) \approx \Phi \left(\frac{k - \mu\ (+\ 0{,}5)}{\sigma}\right)$$

Gilt diese Annäherung nur für binomialverteilte Zufallsgrößen? Die Untersuchung beliebiger Zufallsgrößen X, die sich als eine Summe von n unabhängigen Zufallsgrößen X_i darstellen lassen, brachte als überraschendes Ergebnis, daß die gleiche Näherung verwendet werden kann, wenn sich die Wahrscheinlichkeitsverteilung der X_i nicht allzusehr unterscheiden. Dies ist die Aussage des zentralen Grenzwertsatzes.

Zentraler Grenzwertsatz von Ljapunow

$X_1, X_2, \ldots$ sei eine Folge von Zufallsgrößen, die endlich viele unabhängige Zufallsgrößen X_i enthält. Ferner gelte

$0 < \text{Var}(X_i) < A$ und $E[|X_i - E(X_i)|^3] < B$ mit festen Zahlen $A, B \in \mathbb{R}$ für alle i.

Dann gilt für die Zufallsgröße $X = \sum_{i=1}^{n} X_i$ mit $E(X) = \mu$ und $\text{Var}(X) = \sigma^2$

$$\lim_{n \to \infty} P(X \leq x) = \Phi\left(\frac{x - \mu}{\sigma}\right)$$

Insbesondere gilt der Satz, wenn X_i alle gleichverteilt sind wie beim Satz von Moivre und Laplace, der also ein Spezialfall des zentralen Grenzwertsatzes ist.
Der zentrale Grenzwertsatz liefert die theoretische Begründung für die bekannte Tatsache, daß so viele in der Praxis auftretende Häufigkeitsverteilungen glockenförmig sind.
In der Natur wirken sehr viele unabhängige Einflüsse additiv zusammen und ergeben somit normalverteilte Zufallsgrößen.

Beispiel:

Berechne näherungsweise die Wahrscheinlichkeit, daß beim Werfen von 60 idealen Würfeln eine Augensumme von 200 bis 220 auftritt.

$$E(X_i) = 3{,}5 \Rightarrow \mu = E(X) = 60 \cdot 3{,}5 = 210$$

$$Var(X_i) = \frac{35}{12} \Rightarrow Var(X) = 60 \cdot \frac{35}{12} = 175$$

$$P(200 \leq X \leq 220) = \Phi\left(\frac{220-210}{\sqrt{175}}\right) - \Phi\left(\frac{200-210}{\sqrt{175}}\right) =$$

$$= \Phi(0{,}76) - \Phi(-0{,}76) = 2 \cdot \Phi(0{,}76) - 1 =$$

$$= 0{,}55274 = 55{,}27\ \%$$

Mit einer Wahrscheinlichkeit von 55,27 % beträgt die Augensumme einen Wert von 200 bis 220, wenn 60 ideale Würfel geworfen werden.

VI. Grundbegriffe der Statistik

1. Schätzprobleme

Der zentrale Begriff der mathematischen Statistik ist der der **Stichprobe**, aus der

(1) auf die unbekannte Grundgesamtheit geschlossen werden soll (**Schätzprobleme**) bzw.

(2) über eine Vermutung (Hypothese) entschieden werden soll (**Testprobleme**) d. h. eine Stichprobe wird als ein Spiegelbild der Grundgesamtheit angesehen.

Das n-Tupel $(X_1, X_2, ..., X_n)$ der Zufallsgrößen X_i heißt **Stichprobe** der Länge n aus der Zufallsgröße X, wenn alle X_i stochastisch unabhängig sind und die gleiche Wahrscheinlichkeitsverteilung wie X besitzen.

Beachte:
Die Genauigkeit einer Stichprobe hängt nur von ihrer absoluten Länge ab.
Wenn man aus einer Stichprobe auf die Wahrscheinlichkeitsverteilung einer Zufallsgröße X schließen will, muß man die die Verteilung bestimmenden Parameter (im allgemeinen $\mu = E(X)$ und $\sigma(X)$) aus der Stichprobe schätzen. Dabei wird man einen Parameter α so durch eine Zufallsgröße Z_n schätzen, daß $E(Z_n) = \alpha$ gilt. Z_n heißt dann eine **erwartungstreue** Schätzgröße für den Parameter α. Z_n besitzt so höchstens noch eine zufällige, jedoch keine systematische Abweichung von α.

Beispiel:

Die relative Häufigkeit H_n ist ein erwartungstreuer Schätzwert für die Wahrscheinlichkeit p eines Ereignisses.
Für die Schätzung der am häufigsten verwendeten Parameter $\mu = E(X)$ und $\sigma(X)$ gilt:

Das **Stichprobenmittel** $\overline{X} = \frac{1}{n} \sum_{i=1}^{n} X_i$ ist eine erwartungstreue Schätzgröße für den Erwartungswert $\mu = E(X)$.

Die **Stichprobenvarianz** $S^2 = \frac{1}{n-1} \sum_{i=1}^{n} (X - \overline{X})^2$ ist eine erwartungstreue Schätzgröße für die Varianz $Var(X) = [\sigma(X)]^2$.

Anmerkung:
Nach dem zentralen Grenzwertsatz ist das Stichprobenmittel $\overline{X}$ bei großen Stichprobenlängen n normalverteilt, unabhängig davon, wie die Grundgesamtheit verteilt ist.

Beispiel:

Ein neuer Motor wird in einem PKW der gehobenen Mittelklasse getestet. Für den Benzinverbrauch pro 100 km Fahrtstrecke ergeben sich die folgenden 10 Werte jeweils in Litern:
9,6; 8,7; 10,8; 8,3; 8,1; 9,0; 9,5; 10,0; 10,3; 8,7
Schätze den erwarteten Verbrauch und dessen Streuung aus der angegebenen Stichprobe.

$\overline{x} = \frac{1}{10}(9{,}6 + ... + 8{,}7) = 9{,}3$ Liter

$s^2 = \frac{1}{9}(0{,}3^2 + ... + 0{,}6^2) = 0{,}79 \Rightarrow s \approx 0{,}89$ Liter

Nach den obigen Bemerkungen wird der Erwartungswert μ des Benzinverbrauches in der Umgebung von $\overline{x}$, d. h. in einem Intervall $[\overline{x} - a; \overline{x} + a]$ liegen. Wie sind die Intervallgrenzen zu wählen, damit μ mit einer bestimmten Wahrscheinlichkeit γ in diesem Intervall liegt?

Jedes Intervall $[\overline{x} - a; \overline{x} + a] = [\overline{x} - t \cdot \sigma; \overline{x} + t \cdot \sigma]$ heißt **Vertrauensintervall (Konfidenzintervall)** für den Erwartungswert $\mu = E(X)$ zur **Vertrauenswahrscheinlichkeit** γ, wenn

$P(|\overline{X} - \mu| \leq t \cdot \sigma) \geq \gamma$ gilt. Der Wert für t errechnet sich aus

$P(|\overline{X} - \mu| \leq t \cdot \sigma) = \gamma$ bzw. wird aus dem Tabellenwerk entnommen.

Beispiele:

1. Benzinverbrauch eines Motors (wie oben).
   Wie muß das Intervall $\overline{x}$ gewählt werden, damit der erwartete Benzinverbrauch mit einer Wahrscheinlichkeit $\gamma = 95$ % in diesem Intervall liegt?
   $P(|\overline{X} - \mu| \leq a) = 0{,}95$ mit $a = t \cdot \sigma$ (Normalverteilungsnäherung)
   mit $\sigma_x \approx s$, d.h. $\sigma_{\overline{x}} = \frac{s}{\sqrt{n}}$
   $a = t \cdot \sigma = 1{,}96 \cdot \frac{0{,}89}{\sqrt{10}} = 0{,}552$
   Intervall: [8,748; 9,852]
   Mit einer Wahrscheinlichkeit von 95 % liegt der wirkliche Wert des durchschnittlichen Benzinverbrauches zwischen 8,748 l und 9,852 l.

2. Alternativtest

> Ein statistischer **Test** ist ein Entscheidungsverfahren darüber, ob die von einer Stichprobe gelieferten Daten einer vorgegebenen Hypothese über die unbekannte Grundgesamtheit widersprechen.

Fällt die Entscheidung zwischen zwei Hypothesen, so heißt der Test auch **Alternativtest**.
Wenn die beiden Hypothesen H_1, H_2 formuliert sind, muß ein **Entscheidungsverfahren** festgelegt werden, d. h. man muß die Länge n der Stichprobe und den Bereich A, in dem H_1 angenommen wird, angeben. Dann sind die **Entscheidungsregeln** und die möglichen **Fehlentscheidungen** wie folgt gegeben:

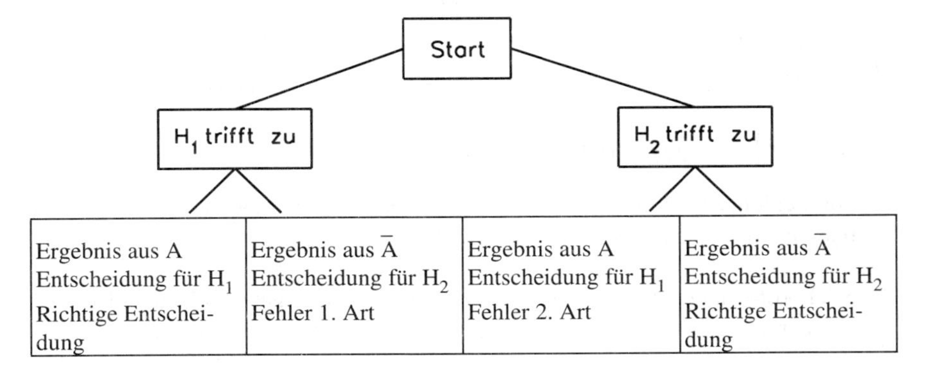

Für die Wahrscheinlichkeiten dieser Entscheidungen erhält man die folgenden Werte, wenn für die 1. Hypothese H_1 die Wahrscheinlichkeitsverteilung P_1 und für die Alternative H_2 die Wahrscheinlichkeitsverteilung P_2 gilt.

	Ergebnis aus dem Annahmebereich A von H_1	Ergebnis aus dem Ablehnungsbereich $\overline{A}$ von H_1
1. Hypothese H_1 trifft zu	Sicherheit des Urteils $P_1(A) = 1 - \alpha$	Fehler 1. Art $\alpha = P_1(\overline{A})$
2. Hypothese H_2 trifft zu	Fehler 2. Art $\beta = P_2(A)$	Sicherheit des Urteils $P_2(\overline{A}) = 1 - \beta$

Mögliche Aufgabentypen

1. Stichprobenlänge n und Annahmebereich A sind gegeben. Gesucht sind die Fehlerwahrscheinlichkeiten α und β.

Beispiel:

Die Brüder Fritz und Egon haben unterschiedliche Meinungen über die Anzahl der Kunden an einer benachbarten Tankstelle, die Superbenzin tanken. Fritz behauptet, daß 20 %, Egon 35 % der Tankkunden Super tanken. Sie beschließen, die nächsten 100 Kunden zu beobachten. Falls höchstens 27 Super tanken, soll die Entscheidung für die Annahme von Fritz, ansonsten für die von Egon fallen.
Wie groß sind die Wahrscheinlichkeiten für mögliche Fehlentscheidungen?

$H_1 : p_1 = 0{,}2;\ A = [0;\ 27];\ \overline{A} = [28;100]$

$H_2 : p_2 = 0{,}35$

$\alpha = B_{0,2}^{100}(X \geq 28) = 1 - B_{0,2}^{100}(X \leq 27) = 1 - 0{,}96585 = 0{,}03415 = 3{,}42\ \%$

$\beta = B_{0,35}^{100}(X \leq 27) = 0{,}05581 = 5{,}58\ \%$

Die Fehlentscheidungen sind natürlich unter der Annahme berechnet worden, daß eine der beiden Hypothesen zutrifft.

2. Stichprobenlänge n und obere Schranke für α sind gegeben. Gesucht ist A so, daß α nicht größer als die obere Schranke wird **und** β möglichst klein wird.

Beispiel:

Wie muß die Entscheidungsregel unter 1. abgeändert werden, wenn $\alpha \le 2\ \%$ gelten soll. Wie groß ist dann β?

$A = [0; k]; \overline{A} = [k + 1; 100]$

$\alpha = B_{0,2}^{100}\ (X \ge k + 1) = 1 - B_{0,2}^{100}\ (X \le k) \le 0{,}02$

$B_{0,2}^{100}\ (X \le k) \ge 0{,}98 \Rightarrow k = 29$

$A = [0; 29]; \overline{A} = [30; 100]$

Für α gilt dann $\alpha = 0{,}01125 = 1{,}13\ \%$, d.h. das Fehlerniveau 1. Art kann wegen der diskreten Binomialverteilung nicht voll ausgenutzt werden.

$\beta = {}_{0,35}^{100}\ (X \le 29) = 0{,}12360 = 12{,}36\ \%$

3. Die oberen Schranken für α und β sind gegeben. Gesucht sind eine möglichst kleine Stichprobenlänge n und ein geeigneter Annahmebereich A.
   Die Aufgabe ist nicht immer lösbar!

Beispiel:

Ein Tetraeder wird geworfen und das Eintreten der "Dreier" wird beobachtet. Die Hypothese $H_1 : p_1 = 0{,}25$ soll mit höchstens 5 %, die Alternative $H_2 : p_2 = 0{,}3$ mit höchstens 2,5 % Wahrscheinlichkeit abgelehnt werden, wenn sie zutreffen. Bestimme die Länge n der Stichprobe sowie die Entscheidungsregel.

$A = [0; k]; \overline{A} = [k + 1; n]$

$\alpha = B_{0,25}^{n}\ (X \ge k + 1) =$ $\qquad\qquad$ $\beta = B_{0,3}^{n}\ (X \le k) \le 0{,}025$

$= 1 - B_{0,25}^{n}\ (X \le k) \le 0{,}05$

$B_{0,25}^{n}\ (X \le k) \ge 0{,}95$

Näherung durch die Normalverteilung

$\mu_1 = 0{,}25n \quad \sigma_1 = \sqrt{0{,}25 \cdot 0{,}75 \cdot n} \qquad \mu_2 = 0{,}3n \quad \sigma_2 = \sqrt{0{,}3 \cdot 0{,}7 \cdot n}$

$\Phi\left(\frac{k - \mu_1 + 0{,}5}{\sigma_1}\right) \geq 0{,}95 \qquad \Phi\left(\frac{k - \mu_2 + 0{,}5}{\sigma}\right) \leq 0{,}025$

$k \geq 1{,}6449 \cdot \sqrt{0{,}25 \cdot 0{,}75 \cdot n} + 0{,}25 \cdot n - 0{,}5 \qquad k \leq -1{,}96 \cdot \sqrt{0{,}3 \cdot 0{,}7 \cdot n} + 0{,}3n - 0{,}5$

$1{,}66449 \cdot 0{,}433 \cdot \sqrt{n} + 0{,}25\,n - 0{,}5 = -\,1{,}96 \cdot 0{,}458\,\sqrt{n} + 0{,}3n - 0{,}5$

$0{,}712\,\sqrt{n} + 0{,}898\,\sqrt{n} = 0{,}05n$

$1{,}61\,\sqrt{n} = 0{,}05n$

$\sqrt{n} = \frac{1{,}61}{0{,}05} \Rightarrow n = \left(\frac{1{,}61}{0{,}05}\right)^2 = 1.036{,}84$

$\Rightarrow$ $n \geq 1.037$, d. h. mindestens 1.037 Würfe sind nötig

$k = 22{,}93 + 259{,}25 - 0{,}5 = 281{,}68 \Rightarrow k = 282$

$\Rightarrow$ $A = [0; 282]$; $\bar{A} = [283; 1.037]$

Bei der Lösung dieser Aufgabe muß berücksichtigt werden, daß in der Näherung durch die Normalverteilung Rundungen enthalten sind.

3. Signifikanztest

a) Zweiseitiger Test

Ein Entscheidungsverfahren, bei dem festgestellt wird, ob eine Hypothese H_0 (**Nullhypothese**) verworfen wird oder nicht, heißt **Signifikanztest**. Das Risiko α, das bei dieser Testart möglichst klein gehalten werden soll, heißt **Signifikanzniveau**.

Anmerkungen:

1. Der Ablehnungsbereich $\bar{A}$ der Nullhypothese H_0 heißt **kritischer Bereich**.
2. H_0 wird abgelehnt, wenn das Stichprobenergebnis in bedeutsamer (**signifikanter**) Weise der Nullhypothese widerspricht. Ein solches Stichprobenergebnis heißt **signifikant** auf dem **Niveau** α.
3. Die Nullhypothese H_0 kann auch die Gestalt $H_0 : p_1 \leq p_0 \leq p_2$ haben.

4. Da nur die Nullhypothese H_0 vorgegeben ist, hängt der Fehler 2. Art davon ab, welche Wahrscheinlichkeit $p \in [0; 1]$ zutrifft, d. h. β ist eine Funktion von p.
   Diese Funktion OC: $p \mapsto P_p(A)$ heißt **Operationscharakteristik** des Tests, ihr Graph OC-Kurve.
   Die OC-Kurve beschreibt für jedes $p \neq p_0$ das Risiko 2. Art. Die Funktion $g: p \mapsto 1 - P_p(A)$ heißt **Gütefunktion** des Test.

Man unterscheidet zwei verschiedene Testarten:

> Ein Test heißt **zweiseitig**, wenn $\bar{A}$ durch A oder A durch $\bar{A}$ in zwei Intervalle geteilt wird.

Anmerkungen:

1. Man vereinbart, daß das Signifikanzniveau α bei Berechnungen auf jedes Intervall mit $\frac{\alpha}{2}$ aufgeteilt wird.
2. Ein zweiseitiger Test empfiehlt sich immer dann, wenn die auf Signifikanz zu prüfende Zufallsgröße keine bestimmte "Richtung" besitzt.

Beispiele:

1. Die Entscheidungsregel ist vorgegeben, das Signifikanzniveau sowie die OC-Kurve sind gesucht.
   In einer Urne befinden sich 10 gleichartige Kugeln, die entweder schwarz oder weiß sind. Man möchte feststellen, ob die Anzahlen der weißen und der schwarzen Kugeln übereinstimmen. Man zieht 5 Kugeln und lehnt die Annahme $H_0 : p_{weiß} = 0{,}5$ ab,
   a) wenn höchstens eine oder mindestens vier weiße
   b) wenn keine oder fünf
   weiße Kugeln in der Stichprobe sind.
   Wie groß ist jeweils das Signifikanzniveau α? Zeichne die zugehörige OC-Kurven.
   $H_0 : p_0 = 0{,}5; n = 5$

a) $\overline{A} = \{0; 1\} \cup \{4; 5\}$
(Beachte:
Bei diskreten Verteilungen wird A in der Mengenform, bei stetigen Verteilungen in der Intervallform angegeben)

$\alpha = B^5_{0,5}(\overline{A}) = 0{,}375 = 37{,}5\ \%$ $\qquad$ $OC: p \mapsto B^5_{0,5}(A)$

Sehr hohes Signifikanzniveau, d. h. H_0 wird sehr oft irrtümlich abgelehnt!

b) $\overline{A} = \{0; 5\}$

$\alpha = B^5_{0,5}(\overline{A}) = 0{,}0625 = 6{,}25\ \%$ $\qquad$ $OC: p \mapsto B^5_{0,5}(A)$

Der Fehler 2. Art hängt davon ab, welche andere Wahrscheinlichkeit $p \in [0; 1]$ zutrifft. Er ist umso größer, je weniger sich der tatsächliche Wert p vom hypothetischen Wert p_0 unterscheidet.

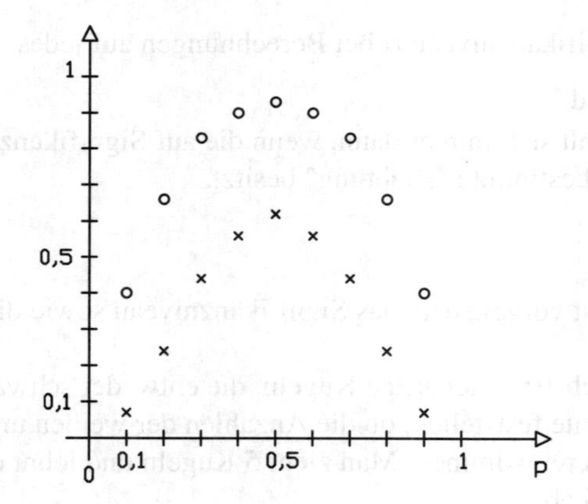

x $\quad B^5_{0,5}$ mit $A = \{2; 3\}$

o $\quad B^5_{0,5}$ mit $A = \{1; 2; 3; 4\}$

2. Das Signifikanzniveau α ist vorgegeben und die Entscheidungsregel wird gesucht.
   $H_0: p_0 = 0{,}2;\ n = 20;\ \alpha = 0{,}2$

   $\overline{A} = \{0; ..., k\} \cup \{k', ..., 20\}$

   Nach der Vereinbarung von oben gilt:
   $B^{20}_{0,2}(X \leq k) \leq 0{,}1 \wedge B^{20}_{0,2}(X \geq k') \leq 0{,}1$

Aus der Tabelle liest man ab:

$k = 1 \wedge k' = 7 \Rightarrow \overline{A} = \{0, 1\} \cup \{7, 8, ..., 20\}$

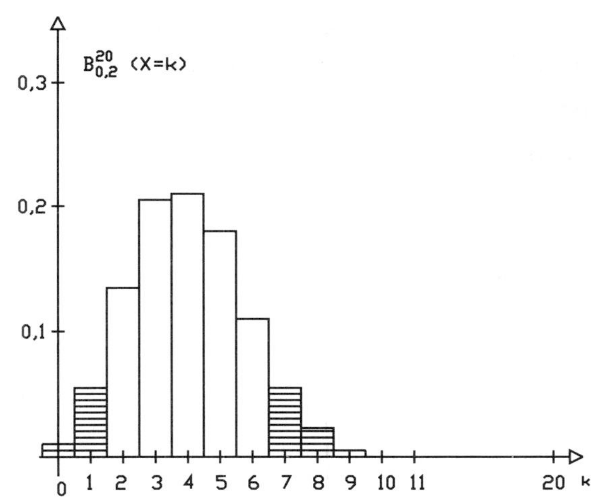

Trotz symmetrischer Fehleraufteilung liegen die Mengen, die $\overline{A}$ bilden, nicht symmetrisch.

Bei diesem Ablehnungsbereich $\overline{A}$ erhält man für den wirklichen Fehler $\alpha' = B^{20}_{0,2}(\overline{A}) = 0{,}15587 = 15{,}59\ \%$, d. h. wegen der zugrunde liegenden Binomialverteilung besitzt der Test auf dem 20 %-Niveau keine größer Wirksamkeit als auf dem 15,59 %-Signifikanzniveau.

b) Einseitiger Test

Ein Test heißt **einseitig**, wenn $\overline{A}$ und A jeweils aus einem einzigen Intervall bestehen.

Beispiele:

1. Die Entscheidungsregel ist vorgegeben, das Signifikanzniveau sowie die OC-Kurve sind gesucht.
   Fritz akzeptiert einen Würfel nur dann als einen idealen Würfel, wenn bei 100 Würfen die Anzahl der Sechser höchsten 20 beträgt.
   $H_0 : p_0 = \frac{1}{6}$; $n = 100$; $\overline{A} = \{21, 22, ..., 100\}$
   $\alpha = B^{100}_{\frac{1}{6}}(\overline{A}) = 0{,}15189 = 15{,}19\ \%$
   $OC : \mapsto B^{100}_{p}(A)$

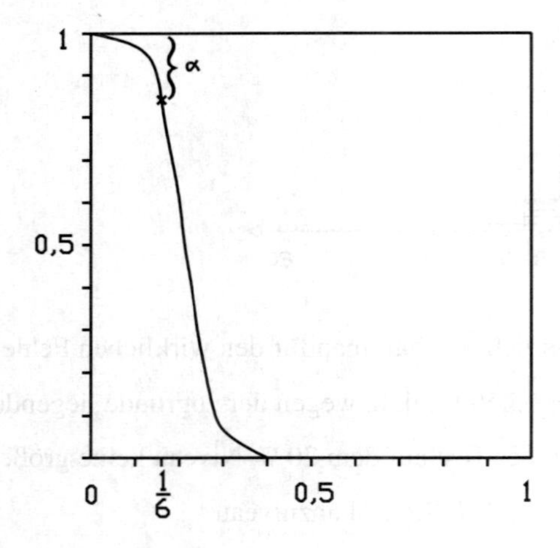

2. Das Signifikanzniveau α ist vorgegeben, die Entscheidungsregel wird gesucht.
   $H_0 : p_0 \geq 0{,}4$; $n = 50$; $\alpha = 0{,}05$

   $\overline{A} = \{0, ..., k\}$

   Beachte:
   Falls p_0 ein Intervall darstellt, wird auf den Randwert getestet.
   $\alpha = B^{50}_{0,4}(X \leq k) \leq 0{,}05 \Rightarrow k = 13$

   $\Rightarrow \overline{A} = \{0, 1, ..., 13\}$

3. Bei den Bundestagswahlen muß jede Partei die 5 %-Grenze überschreiten, wenn sie im Parlament vertreten sein will. Die Partei XYZ läßt kurz vor der Wahl von einem Meinungsforschungsinstitut 600 auf gut Glück ausgewählte Wahlberechtigte befragen und erhält 23 Stimmen. Kann die Partei damit zufrieden sein, wenn sie mit einer statistischen Sicherheit von 95 % schließen will?

   $H_0 : p_0 \geq 0{,}05;\ n = 600;\ \bar{A} = \{0, ..., k\}$

   $\alpha = B_{0{,}05}^{600}\ (X \leq k) \leq 0{,}05$

   Näherung durch die Normalverteilung mit $\mu = 600 \cdot 0{,}05 = 30$ und $\sigma = \sqrt{600 \cdot 0{,}05 \cdot 0{,}95} = 5{,}34$:

   $$\Phi\left(\frac{k - \mu + 0{,}5}{\sigma}\right) \leq 0{,}05 \Rightarrow k = -\ 1{,}6449 \cdot 5{,}34 + 30 - 0{,}5 = 20{,}72$$

   $\Rightarrow \bar{A} = \{0, ..., 20\}$

   Da $23 \notin \bar{A}$, kann die Partei XYZ den Test noch als positiv bewerten.

c) Verfälschter Test

> Ein Signifikanztest heißt **verfälscht** oder **verzerrt**, wenn für $p_0\ (H_0 : p = p_0)$ und jedes $p_1\ (H_1 : p = p_1 \neq p_0)$ gilt:
> $\alpha\ (p_0) + \beta\ (p_1) > 1.$

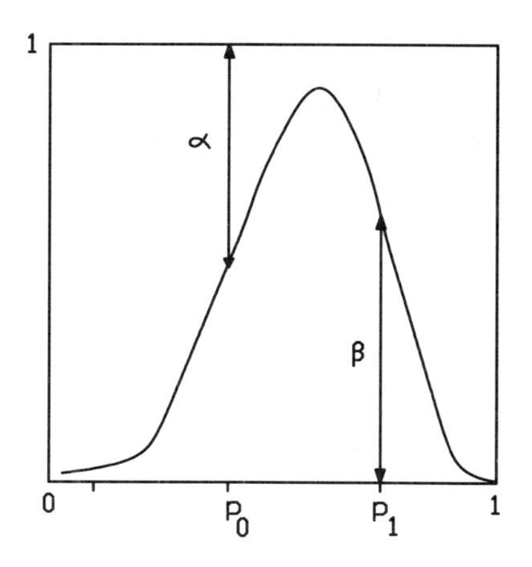

Man erkennt einen solchen verfälschten oder verzerrten Test daran, daß der Hochpunkt der zugehörigen OC-Kurve nicht über der Nullhypothese liegt, d. h. es gilt $OC'\ (p_0) \neq 0$.

$\alpha\ (p_0) > 1 - \beta\ (p_1)$ besagt, daß die Wahrscheinlichkeit, die Nullhypothese abzulehnen, falls sie zutrifft, größer ist als die Wahrscheinlichkeit die Nullhypothese abzulehnen, falls sie nicht zutrifft.

Beispiel:

Die Zufallsgröße X sei B_p^{12}- verteilt. Zeige, daß $A = \{1, 2, 3\}$ $(\bar{A} = \{0; 4, 5, ..., 12\})$ für die Nullhypothese $H_0 : p_0 = \frac{1}{6}$ einen verfälschten Test liefert.

$$OC(p) = B_p^{12}(A) =$$
$$= \binom{12}{3} p^3 (1-p)^9 + \binom{12}{2} p^2 (1-p)^{10} + \binom{12}{1} p(1-p)^{11} =$$
$$= 220\, p^3 (1-p)^9 + 66\, p^2 (1-p)^{10} + 12\, p\, (1-p)^{11}$$

$$OC'(p) = 220\, [3\, p^2 (1-p)^9 - 9\, p^3 (1-p)^8]$$
$$+ 66\, [2\, p\, (1-p)^{10} - 10\, p^2 (1-p)^9] + 12\, (1-p)^{11} -$$
$$- 11p\, (1-p)^{10}] = 12\, (1-p)^8\, [55\, p^2 (1-p) -$$
$$- 165\, p^3 + 11\, p\, (1-p)^2 - 55\, p^2 (1-p) + (1-p)^3 -$$
$$- 11\, p\, (1-p)^2] = 12\, (1-p)^8\, [(1-p)^3 - 165\, p^3]$$

$$OC'\left(\frac{1}{6}\right) = 12 \left(1 - \frac{1}{6}\right)^8 \left[\left(1 - \frac{1}{6}\right)^3 - 165 \cdot \left(\frac{1}{6}\right)^3\right] =$$
$$= 12 \cdot \left(\frac{5}{6}\right)^8 \cdot \left(-\frac{40}{216}\right) \neq 0$$

$\Rightarrow$ verfälschter Test

Der Test wäre unverfälscht für $p = p_0$ mit $(1 - p_0)^3 - 165 \cdot p_0^3 = 0$.

$$\Rightarrow 1 - p_0 = p_0 \cdot \sqrt[3]{165} \Rightarrow p_0 = \frac{1}{1 + \sqrt[3]{165}} = 0{,}1542$$

I. Übungsaufgaben

1. Aufgaben zu Ereignisräumen

1. Gib jeweils einen geeigneten Ergebnisraum an:

a) Zwei Münzen werden geworfen.
b) Aus den Ziffern 1, 3, 5, 7 werden zweistellige Zahlen gebildet, in denen keine Ziffer zweimal auftritt.
c) Aus den Ziffern 0, 2, 4, 6 werden zweistellige Zahlen gebildet, in denen keine Ziffer zweimal auftritt.
d) Aus einer Urne mit 4 gelben und 2 roten Kugeln werden 3 Kugeln ohne Zurücklegen gezogen.
e) Aus einer Urne mit 4 gelben und 2 roten Kugeln werden 3 Kugeln mit Zurücklegen gezogen.
f) Zwei Tetraeder mit den Ziffern 1, 2, 3, 4 auf den Seitenflächen werden geworfen.

2. Aus der Buchstabenmenge {u, g} werden auf gut Glück drei Buchstaben (mit Zurücklegen) zu einem "Wort" zusammengesetzt.
Gib die folgenden Ereignisse als Teilmengen von Ω an.

a) E_1: "Der 2. Buchstabe ist u."
b) E_2: "Nur der 2. Buchstabe ist u."
c) E_3: "Mindestens ein Buchstabe ist u."
d) E_4: "Höchstens ein Buchstabe ist u."
e) E_5: "Entweder der 1. Buchstabe ist u oder der letzte ist u."
f) E_6: "Der 1. Buchstabe ist u oder der letzte ist u."

3. Bei der Abiturprüfung im Gk Sozialkunde müssen zwei der vier gestellten Aufgaben 1, 2, 3, 4 bearbeitet werden.
Gib zu jedem der folgenden Ereignisse die zugehörige Teilmenge von Ω an, wenn die Reihenfolge der Bearbeitung nicht unterschieden wird. Gib zu jedem Ereignis auch das Gegenereignis an.

a) E_1:"Aufgabe 1 muß bearbeitet werden."
b) E_2:"Nur gerade Aufgabennummern müssen bearbeitet werden."
c) E_3:"Wenn eine der bearbeiteten Aufgabennummern gerade ist, dann muß die andere ungerade sein."
d) E_4: "Mindestens eine ungerade Aufgabennummer muß bearbeitet werden."

4. Bei einer großen Anzahl von Patienten sind Placebos genauso wirksam wie gleichaussehende echte Tabletten. Ein Patient bekommt zur Beruhigung zwei Tabletten, die eine Schwester nacheinander zufällig aus einer Schachtel mit acht Beruhigungstabletten (b) und zwei Placebos (p) nimmt.

a) Zeichne zu diesem Zufallsexperiment ein Baumdiagramm und den zugehörigen Ergebnisraum Ω an. Wieviele Elemente besitzt der zu Ω gehörende Ereignisraum $P(\Omega)$?

b) Gib die Ereignisse A: "Beide Tabletten sind echt" und B: "Genau eine Tablette ist ein Placebo" als Teilmengen von Ω an.

c) Untersuche die Ereignisse A und B auf Unvereinbarkeit.

d) Formuliere das Ereignis $C = \overline{A} \cap \overline{B}$ in Worten.

e) Aus obiger Schachtel mit dem ursprünglichen Inhalt werden jetzt vier Tabletten ausgegeben. Gib zu diesem Zufallsexperiment einen Ergebnisraum Ω' an.

f) Ω'' ist eine Vergröberung von Ω' derart, daß nur nach der Anzahl der Placebos gefragt wird. Gib Ω'' an.

5. Fritz wirft dreimal hintereinander einen Ball auf eine Dose. Wir unterscheiden Treffer T und Nichttreffer N (Niete N).

a) Zeichne eine Baumdiagramm und gib den Ergebnisraum Ω an.

b) Gib die folgenden Ereignisse als Teilmengen von Ω an:
E_1: "Mindestens ein Wurf ist ein Treffer."
E_2: "Genau ein Wurf ist ein Treffer."
E_3: "Höchstens ein Wurf ist ein Treffer."
E_4: "Der 1. Wurf ist ein Treffer."
E_5: "Nur der 1. Wurf ist ein Treffer."
E_6: "Ein Wurf ist eine Niete."

c) Formuliere die folgenden Ereignisse als Teilmenge von Ω und in Worten:

$E_1 \cap E_3$, $\overline{E_1} \cap \overline{E_2}$, $E_4 \cap E_6$, $\overline{E_3 \cup E_4}$, $\overline{E_5}$

d) Gib zwei Ereignisse aus b) an, die unvereinbar sind.

6. Ein kleines Fernsehgeschäft hat drei Fernseher einer bestimmten Marke geliefert bekommen. Ehe die Geräte verkauft werden, werden sie auf ihre Funktionstüchtigkeit überprüft.
A_1, A_2, A_3 seien die Ereignisse, daß die Geräte 1, 2 oder 3 defekt sind.
Beschreibe durch A_1, A_2, A_3 die Ereignisse

a) alle Fernsehgeräte sind defekt,
b) mindestens ein Fernsehgerät ist defekt,
c) höchstens ein Fernsehgerät ist defekt,
d) alle Fernsehgeräte sind in Ordnung,
e) genau zwei Fernsehgeräte sind defekt,
f) das erste Fernsehgerät ist defekt.

7. Vereinfache mit den Gesetzen der Mengenalgebra die folgenden Terme $A, B \subseteq \Omega$.

a) $[A \cap (\underline{\overline{A \cup B}})] \cup [B \cap (A \cup B)] =$
b) $[B \cup (\bar{A} \cup B)] \cap (\overline{A} \cap \overline{B}) =$
c) $(\underline{\overline{A} \cup B}) \cap (A \cup B) =$
d) $(A \cap \bar{B}) \cap \overline{B} =$

2. Aufgaben zur Wahrscheinlichkeitsverteilung, relative Häufigkeit, Pfadregeln

8. 200 willkürlich ausgewählte Personen werden nach Schlaflosigkeit (S), Haarausfall (H) und Übergewicht (Ü) befragt. Es leiden 60 Personen an S, 90 an H, 120 an Ü, 30 an S und H, 40 an H und Ü sowie 20 an S und Ü. 10 haben keines der drei Leiden.

a) Wieviele Personen leiden an allen drei Krankheiten?
b) Wieviele Personen leiden nur an Haarausfall?
c) Gib die relative Häufigkeit der Personen an, die an Schlaflosigkeit leiden.

9. Bei der Befragung von 50 Schülern, die am Wahlunterricht Sport teilnehmen, erhält man folgende Zahlen:
32 Fußball (F), 16 Volleyball (V), 11 Schwimmen (S), 5 F und S, 4 F und V, 3 V und S.

a) Wieviele Schüler nehmen am Wahlunterricht in allen drei Sportarten teil?
b) Mit welcher Wahrscheinlichkeit treten die Ereignisse A: "Teilnehmer an genau zwei Sportarten" und B: "Teilnehmer an höchstens zwei Sportarten" ein?
c) Formuliere das Ereignis $\overline{A \cup B}$ möglichst einfach mit Worten und berechne $P(A \cup B)$.

10. Bestimme die relative Häufigkeiten

a) der durch 2 teilbaren Zahlen von 1 bis 1000,
b) der Primzahlen von 1 bis 100,
c) der durch 2 und 7 teilbaren Zahlen von 1 bis 1.000.

11. 18 % aller zugelassenen PKW stammen aus dem Ausland. Von diesen Autos liefert das Herstellerwerk W 19,2 %. Wie groß ist die relative Häufigkeit der PKW des Herstellers W unter unseren Autos?

12. Gegeben sei das Ereignis E_1; "Ein neugeborenes Kind ist ein Junge." Wodurch unterscheiden sich die relative Häufigkeit $h(E_1) = 0{,}51$ und die Wahrscheinlichkeit $P(E_1) = 0{,}51$?

13. Ein Skatspiel hat 32 Karten. Es seien die Ereignisse A: "Die gezogene Karte ist eine Dame" und B: "Die gezogene Karte hat die Farbe Herz" beim einmaligen Ziehen gegeben.

a) Mit welcher Wahrscheinlichkeit treten die Ereignisse

(1) $A \cup B$, (2) $\bar{A} \cup \bar{B}$, (3) $\overline{A \cup B}$, (4) $\overline{A \cap B}$ ein?

b) Überprüfe die Ereignisse (2) bis (4) auf Unvereinbarkeit mit dem Ereignis A.
c) Aus den 32 Karten werden auf gut Glück zwei ohne Zurücklegen gezogen. Die 2. Karte ist eine Dame. Mit welcher Wahrscheinlichkeit ist die 1. Karte auch eine Dame?
d) Man zieht eine Karte der Farbe Herz. Mit welcher Wahrscheinlichkeit hat eine zweite gezogene Karte auch die Farbe Herz, wenn man die erste nicht wieder zurückgelegt hat.
e) Nach dem Ziehen und Zurücklegen einer Karte mischt man die Karten und zieht nochmals eine Karte. Mit welcher Wahrscheinlichkeit waren die beiden gezogenen Karten von der gleichen Farbe?

14. In einer Schale liegen 20 Bonbons, 8 mit Erdbeer-, 8 mit Zitronen- und 4 mit Kirschgeschmack. Da sie mit dem jeweils gleichem Papier eingewickelt sind, kann man sie nicht unterscheiden. Der Fruchtgeschmack wird dadurch festgestellt, daß man das Bonbon ißt.

a) Jemand ißt drei Bonbons hintereinander.
   (1) Gib die Ereignisse A: "Jeder Geschmack ist vertreten" und B: "Mindestens zwei Bonbons sind mit Kirschgeschmack" als Teilmengen von Ω an und berechne P (A) und P (B).
   (2) Formuliere das Ereignis $\overline{B}$ in Worten und berechne P ($\overline{B}$).

b) Jemand ißt fünf Bonbons so, daß er jeweils, wenn er ein Bonbon aus der Schale nimmt, eines mit Kirschgeschmack in die Schale gibt.
   Berechne die Wahrscheinlichkeit des Elemtarereignisses
   C = {Z, E, K, K, E}.

15. Drei Busunternehmer A, B, C fahren fast die gleichen "Linien" und wollen sich deshalb zu einer Nahverkehrsgesellschaft zusammenschließen.
Man kennt die Benutzeranteile der Bevölkerung an den einzelnen Buslinien:
$P(A) = 0{,}40$, $P(B) = 0{,}30$, $P(C) = 0{,}15$, $P(A \cap B) = 0{,}08$,
$P(A \cap C) = 0{,}02$, $P(B \cap C) = 0{,}05$, $P(A \cap B \cap C) = 0{,}01$.
Es wird eine Befragung unter den Bürgern durchgeführt.
Wie groß ist die Wahrscheinlichkeit, daß eine zufällige befragte Person

a) keinen Bus der Firma B,
b) einen Bus der Firmen B oder C,
c) einen Bus eines der drei Unternehmen,
d) keinen Bus der drei Unternehmen benutzt?

16. Faschingskrapfen werden öfters aus Jux mit Senf gefüllt. In einem Korb liegen 10 Krapfen, von denen zwei mit Senf (s) gefüllt sind, die anderen acht mit Marmelade (m). Äußerlich lassen sich die Krapfen nicht unterscheiden.
Ein Faschingsnarr greift zweimal hintereinander in den Korb und holt jeweils (ohne Zurücklegen) einen Krapfen heraus.

a) Zeichne zu diesem Zufallsexperiment ein Baumdiagramm und bestimme daraus die Wahrscheinlichkeit der Ereignisse A: "Beide Krapfen sind mit Senf gefüllt" und B: "Mindestens ein Krapfen ist mit Senf gefüllt".
b) Formuliere das Ereignis $\overline{A} \cap \overline{B}$ in Worten und gib dessen Wahrscheinlichkeit an.
c) Alle Krapfen mögen wieder in obiger Zusammensetzung im Korb liegen. Es werden fünf Krapfen (ohne Zurücklegen) gezogen. Mit welcher Wahrscheinlichkeit
   (1) sind der zweite und der fünfte die mit Senf gefüllten Krapfen?
   (2) ist nur einer mit Senf gefüllt?

17. Ein Glücksrad besteht aus zwei Sektoren. Wie muß der Winkel α gewählt werden, damit beim zweimaligen Drehen des Glücksrades die Wahrscheinlichkeit des Ereignisses E: "Beide Male der gleiche Sektor" den Wert $P(E) = \frac{5}{8}$ hat.

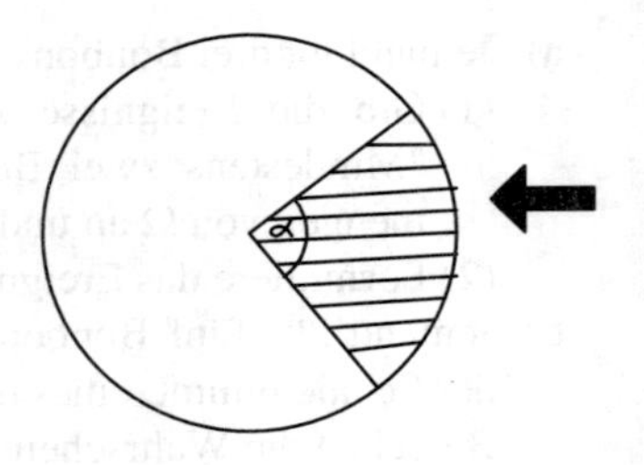

18. Ein verdächtiger Würfel zeigt die Augenzahlen 1 bis 6 mit unterschiedlichen Wahrscheinlichkeiten. Es gilt:

$P(\{1, 2,\}) = \frac{1}{3}$, $P(\{1, 3, 6\}) = \frac{5}{12}$, $P(\{4\}) = \frac{1}{3}$, $P(\{2, 4, 6\}) = \frac{1}{2}$,

$P(\{1, 2, 4, 6\}) = \frac{3}{4}$, $P(\{5, 6\}) = \frac{1}{4}$

Berechne die Einzelwahrscheinlichkeiten der Augenzahlen.

19. Wenn die Umweltverschmutzung weiter zunimmt, dürfen Autos, deren Kennzeichen eine gerade Endziffer haben, nur an Tagen mit geraden Daten und Autos mit ungerader Endziffer nur an Tagen mit ungeraden Daten fahren.

a) Familie M besitzt zwei Autos. Mit welcher Wahrscheinlichkeit kann Familie M an jedem Tag fahren?
b) Wie würde sich die Wahrscheinlichkeit erhöhen, wenn Familie M drei Autos besäße?

20. Ein neues chemisches Nachweisverfahren gelingt mit einer Wahrscheinlichkeit p. Bei zweimaliger Hintereinanderausführung gelingt es mit der Wahrscheinlichkeit 43,75 % mindestens einmal nicht. Zeichne ein Baumdiagramm und berechne die Wahrscheinlichkeit p.

21. Der Geheimdienst ist an eine sensationelle Information gelangt, deren Inhalt sich auf "trifft zu" bzw. "trifft nicht zu" zusammenfassen läßt. Der Geheimdienstchef gibt die Nachricht an seine sechs Spitzenagenten wie folgt weiter: Er unterrichtet Nummer 1, dieser dann Nummer 2, dieser wieder Nummer 3 usw. Die Wahrscheinlichkeit, daß man die vom Vorgänger erhaltene Information weitergibt, sei $p = 0{,}95$.

a) Mit welcher Wahrscheinlichkeit gibt die Nummer 3, die vom Geheimdienstchef an Nummer 1 gegebene Information als Dritter richtig weiter?
b) Mit welcher Wahrscheinlichkeit gibt Nummer 3 die vom Geheimdienstchef an Nummer 1 gegebene Nachricht weiter?

3. Aufgaben zu Kombinatorik und L-Wahrscheinlichkeiten

22. Karl ist der Aufsichtsratsvorsitzende der Firma G. Neben ihm gehören noch vier Damen und vier Herren dem Gremium an. Bei ihren Sitzungen nehmen die neun Personen an einem runden Tisch Platz.

a) Wieviele verschiedene Möglichkeiten der Sitzordnung gibt es, wenn
(1) keinerlei Einschränkungen gelten,
(2) die vier Damen immer nebeneinander sitzen,
(3) nur nach Damen und Herren unterschieden wird?
b) Karl sitzt heute separat, die anderen acht Mitglieder des Aufsichtsrates um den runden Tisch.
Wie groß ist die Wahrscheinlichkeit für eine bunte Reihe?

23. Ein Diplomatenkoffer hat ein Kombinationsschloß aus vier Ziffern, wobei nur die Ziffern 1, 3, und 5 Verwendung finden und eine der drei Ziffern zweimal vorkommt.
Wieviele verschiedene Ziffernkombinationen gibt es?

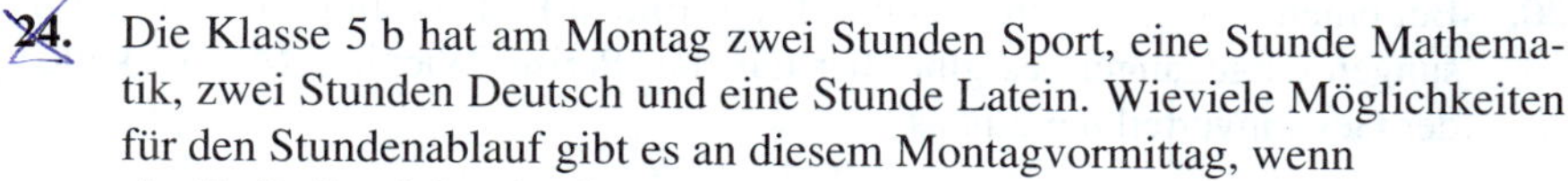

24. Die Klasse 5 b hat am Montag zwei Stunden Sport, eine Stunde Mathematik, zwei Stunden Deutsch und eine Stunde Latein. Wieviele Möglichkeiten für den Stundenablauf gibt es an diesem Montagvormittag, wenn
a) die Reihenfolge der Stunden beliebig ist,
b) die beiden Sportstunden hintereinanderliegen,
c) die beiden Sportstunden in der 5. und 6. Stunde liegen,
d) Sport und Deutsch jeweils als Doppelstunden abgehalten werden.

25. Gabi, Rosi, Kurt, Franz und Emil gehen gemeinsam ins Freibad. Sie breiten an fünf verschiedenen Orten die mitgebrachten fünf Matten zum Liegen aus. Nach dem Baden wählt jeder auf gut Glück eine der Matten aus.

a) Mit welcher Wahrscheinlichkeit liegt auf keiner Matte mehr als eine Person?
b) Mit welcher Wahrscheinlichkeit liegen auf einer Matte ein Junge und ein Mädchen, während ansonsten jede Matte von höchstens einer Person belegt ist.

26. 10 gleiche Geschenkartikel sollen auf drei Kinder verteilt werden. Wieviele Möglichkeiten gibt es?

27. Nach der Landtagswahl besetzen die Parteien die Ausschüsse neu. Der A-Ausschuß besteht aus 16 Abgeordneten, 9 aus der Partei X, 5 aus der Partei Y und 2 aus der Partei Z, wobei Partei X 12 Kandidaten, Partei Y 10 und Partei Z 6 besitzen.
Wieviele verschiedene Ausschußbesetzungen sind möglich, wenn

a) keinerlei Bedingungen gestellt sind,
b) jede der drei Parteien ihren Sprecher und dessen Stellvertreter für A-Angelegenheiten im Ausschuß haben will?

28. Bei einem Einstellungstest müssen drei Aufgaben aus zwei Sachgebieten mit je 4 bzw. 5 Aufgaben zur Auswahl bearbeitet werden, wobei aus jedem der beiden Gebiete mindestens eine Aufgabe stammen muß.
Wieviele Möglichkeiten der Auswahl gibt es?

29. Bei einem Hallenfußballturnier werden die acht Mannschaften (zwei aus der 1. Bundesliga und sechs aus der 2. Bundesliga) durch das Los in zwei Gruppen zu je vier Mannschaften eingeteilt. Wie groß ist die Wahrscheinlichkeit, daß die beiden Mannschaften aus der 1. Bundesliga in verschiedenen Gruppen spielen?

30. Bei einem Preisausschreiben des Tante-Emma-Ladens sind 50 richtige Lösungen eingegangen, es gibt aber nur drei Preise. Wieviele Möglichkeiten der Gewinnverteilung gibt es?

31. Bei der Elferwette im Fußballtoto wird jedes der elf Spiele mit einer der Ziffern 0, 1 oder 2 versehen. Je nach Spielausgang tritt eine der Ziffern als Ergebnis auf.

a) Wieviele verschiedene Möglichkeiten gibt es?
b) Wieviele völlig falsche Elferreihen gibt es?

32. Unter 10 Losen befinden sich zwei Gewinnlose. Bestimme die Wahrscheinlichkeit, daß sich unter fünf willkürlich ausgewählten Losen

a) genau ein Gewinnlos befindet!
b) beide Gewinnlose befinden!
c) höchstens ein Gewinnlos befindet!

33. Mit welcher Wahrscheinlichkeit ergibt sich eine bunte Reihe, wenn sich n Jungen und n Mädchen

a) um einen runden Tisch,
b) auf eine lange Bank setzen?

34. Aus vier Ehepaaren werden auf gut Glück zwei Personen ausgewählt. Mit welcher Wahrscheinlichkeit erhält man ein Ehepaar?

35. Hans (H), Christine (C), Emil (E) und Kurt (K) feiern mit vier weiteren Freunden eine Geburtstagsparty. Zum Essen nehmen alle rein zufällig an einem Tisch Platz.
Wie groß ist die Wahrscheinlichkeit, daß Hans und Christine unmittelbar nebeneinander sitzen, Emil und Kurt dagegen nie,

a) wenn der Tisch eine lange Tafel ist und alle auf einer Seite nebeneinander sitzen,
b) wenn der Tisch rund ist?

36. Fritz hatte im letzten Jahr nur einen kleinen Weihnachtsbaum geschmückt. Dazu hatte er zwei Kartons Christbaumschmuck mit je sechs Stück Inhalt, nämlich neun Glaskugeln und drei verschieden große Glocken, verwendet. Er erinnert sich noch an die seltsamen stochastischen Gedanken, die er sich machte, als er den Baum entleerte. Er stellte die beiden Kartons nebeneinander, so daß sich eine ganz bestimmte Reihenfolge der zwölf Teile ergab. Über diese Reihenfolge hat er die folgenden Überlegungen angestellt.

Mit welcher Wahrscheinlichkeit

a) liegt jedes Teil wieder am gleichen Ort (Ereignis E_1)?
b) liegen die drei Glocken unmittelbar hintereinander (E_2)?
c) liegen die drei Glocken der Größe nach geordnet (von der kleinsten zur größten) unmittelbar hintereinander (E_3)?
d) liegen die drei Glocken unmittelbar hintereinander in einem Karton (E_4)?
e) liegen die drei Glocken der Größe nach geordnet unmittelbar hintereinander in einem Karton (E_5)?
f) sind die drei Glocken der Größe nach geordnet (E_6)?
g) liegen die drei Glocken der Größe nach geordnet in einem Karton (E_7)?
h) sind zwei Glocken durch mindestens eine Glaskugel getrennt (E_8)?
i) liegen alle Teile wieder im richtigen Karton (E_9)?
k) liegt zwischen je zwei Glocken genau eine Glaskugel (E_{10})?

37. In einem Zimmer befinden sich 7 Personen. Mit welcher Wahrscheinlichkeit haben alle an verschiedenen Wochentagen Geburtstag?

38. In einem Zimmer sind außer Herrn H noch k weitere Personen. Von welchen Wert von k ab lohnt es sich für Herrn H darauf zu wetten, daß mindestens noch eine Person am gleichen Tag wie er Geburtstag hat?

39. In einem Zimmer sind k Personen versammelt. Von welcher Zahl k ab lohnt es sich darauf zu wetten, daß mindestens zwei Personen am gleichen Tag Geburtstag haben?

4. Aufgaben zur bedingten Wahrscheinlichkeit, Unabhängigkeit, Bernoulli-Kette und Wartezeitproblemen

40. Um die Funktionssicherheit eines Kernkraftwerkes zu erhöhen, ist das Kühlsystem für ein Bauteil in dreifacher Ausfertigung vorhanden, wobei die Ausfallwahrscheinlichkeit eines Kühlsystems jeweils 0,1 beträgt.

a) Die drei Kühlsysteme arbeiten unabhängig voneinander. Mit welcher Wahrscheinlichkeit arbeitet in einem Störfall keines der drei Systeme?

b) In Wirklichkeit sind die Kühlsysteme stochastisch nicht unabhängig voneinander. Ist bereits eines ausgefallen, beträgt die Ausfallwahrscheinlichkeit 0,3, falls bereits zwei ausgefallen sind, 0,7.
Mit welcher Wahrscheinlichkeit arbeitet in einem Störfall keines der drei Systeme?

41. Die U-Bahn zwischen den Haltestellen A und B ist ein Eldorado für jugendliche Schwarzfahrer, von denen 40 % Schüler und 60 % Berufstätige sind. Die Verkehrsbetriebe setzen zwei Kontrolleure ein, die die jugendlichen Fahrgäste nacheinander kontrollieren. Der 1. Kontrolleur entdeckt 40 % der Schüler und 60 % der Berufstätigen, die ohne Fahrausweis sind, der 2. Kontrolleur jeweils 50 % des Restes der Schwarzfahrer beider Gruppen.

a) Wie groß ist die Wahrscheinlichkeit, daß ein jugendlicher Fahrgast ohne Fahrschein erwischt wird?

b) Wie groß ist die Wahrscheinlichkeit, daß ein entdeckter jugendlicher Schwarzfahrer berufstätig ist?

42. Aus vier gleichartigen Laplace-Münzen, von denen eine auf beiden Seiten ein Wappen, die anderen drei auf einer Seite ein Wappen und auf der anderen Seite eine Zahl tragen, wird eine ausgewählt und dreimal hintereinander geworfen.

a) Mit welcher Wahrscheinlichkeit fällt dreimal Wappen?
b) Mit welcher Wahrscheinlichkeit wurde die Münze mit den zwei Wappen verwendet, wenn dreimal Wappen erschienen ist?

43. Ein neues chemisches Verfahren gelingt mit einer Wahrscheinlichkeit von 75 %.

a) Mit welcher Wahrscheinlichkeit gelingt das Verfahren bei zehnmaliger unabhängiger Hintereinanderausführung genau siebenmal?
b) Wie oft muß das Verfahren mindestens unabhängig hintereinander ausgeführt werden, damit man mit einer Wahrscheinlichkeit von mehr als 99 % wenigstens ein Mißlingen beobachten kann?
c) Wie groß müßte die Wahrscheinlichkeit für das Gelingen des Verfahrens sein, wenn nach Aufgabe b) die Wahrscheinlichkeit von 99 % erst bei 100 Versuchen erreicht werden soll?

44. Firma G benötigt dringend Ersatz für ein veraltetes Gerät. Ein neuartiges soll auf Wunsch der Betriebsversammlung angeschafft werden. Betriebsleiter Fritz hält vor dem Aufsichtsrat der Firma immer dann eine leidenschaftliche Rede, wenn er von der Einführung überzeugt ist (Ereignis A). Die Wahrscheinlichkeit, daß er dies auch im obigen Fall tut, sei $P(A) = 0{,}4$. Die Wahrscheinlichkeit, daß Aufsichtsratsmitglied M die neue Maschine für gut hält (Ereignis B), sei vor der Rede $P_{\bar{A}}(B) = 0{,}1$ und danach $P_A(B) = 0{,}5$. Überprüfe die Ereignisse A und B auf Unabhängigkeit.

45. Ein Brennofen für keramische Produkte ist in letzter Zeit besonders störungsanfällig. Er fällt pro Tag mit einer Wahrscheinlichkeit von 0,2 aus und wird folglich einmal am Tag kontrolliert. Mit welcher Wahrscheinlichkeit fällt der Ofen

a) erstmals am 4. Tag,
b) frühestens am 5. Tag
c) am 3. Tag zum ersten Mal und am 8. Tag zum dritten Mal aus?

46. Tankstellenbesitzer T weiß aus Erfahrung, daß 30 % seiner Kunden Superbenzin tanken, wobei 40 % von diesen die Automarke M fahren. Außerdem weiß er, daß 42 % aller seiner Kunden weder Fahrer der Marke M sind noch Superbenzin tanken.
Gib eine vollständige Vierfeldertafel an und überprüfe die Ereignisse S: "Tanken von Superbenzin" und M: "Fahrer der Automarke M" auf Unabhängigkeit.

47. Beim Schulreifetest wird unter anderem auch ein Farbtest ausgeführt. Fünf verschiedenfarbige, aber sonst gleiche Gegenstände werden den Kindern zur Auswahl gestellt, aus denen sie sich den "schönsten" Gegenstand auswählen dürfen. Eine der Farben ist rot.

a) Mit welcher Wahrscheinlichkeit wählt ein Kind
(1) einen roten Gegenstand,
(2) bei dreimaliger Auswahl (mit Zurücklegen) nur den roten Gegenstand bzw. jeweils einen Gegenstand mit gleicher Farbe?

b) Wie oft muß der Farbtest mindestens durchgeführt werden, damit die Wahrscheinlichkeit, daß nur jeweils derselbe gleichfarbige Gegenstand ausgewählt wird, kleiner als 0,001 wird?

48. Beim "Mensch ärgere Dich nicht" benötigt man eine Sechs, um anfangen zu können. Es wird vorausgesetzt, daß jeder Spieler in jeder Runde nur einmal würfeln darf.

a) Mit welcher Wahrscheinlichkeit würfelt man in
(1) der 4. Runde die erste Sechs,
(2) den ersten acht Runden genau eine Sechs?

b) Die Wahrscheinlichkeit, erst beim k-ten Wurf beginnen zu dürfen, sei 0,00522. Wie groß ist k?

49. Beim "Mensch ärgere Dich nicht" benötigt man eine Sechs, um anfangen zu können. Man darf jeweils eine Serie aus drei Würfen ausführen.

a) Mit welcher Wahrscheinlichkeit darf man in der 4. Serie das Spiel beginnen?

b) Mit welcher Wahrscheinlichkeit darf man nach vier Serien noch nicht anfangen?

c) Mit welcher Wahrscheinlichkeit darf man in den ersten vier Runden beginnen?

d) Wieviele Serien muß man mindestens würfeln, um mit einer Wahrscheinlichkeit von mehr als 99 % wenigstens eine Erfolgsserie, d.h. eine Serie mit einer Sechs, zu erhalten?

50. Franz kommt leicht angesäuselt nach Hause. Er will seine Haustüre aufsperren. Er hat fünf gleichartige Schlüssel, von denen nur einer paßt, lose in der linken Hosentasche. Mit welcher Wahrscheinlichkeit paßt der Schlüssel genau beim dritten Versuch, wenn Franz

a) einen Schlüssel probiert und diesen in die linke Hosentasche zurücksteckt, wenn er nicht paßt?
b) einen Schlüssel probiert und diesen dann in die rechte Hosentasche steckt, wenn er nicht paßt?

51. Bei einem L-Tetraeder gilt die Augenzahl 1, 2, 3, oder 4 der Standfläche als geworfen.
Mit welcher Wahrscheinlichkeit erhält man die erste 4 beim ersten Wurf und die vierte 4 beim zehnten Wurf?

52. Mit welcher Wahrscheinlichkeit zeigt eine L-Münze frühestens beim achten Wurf des zweite Mal Wappen?

53. Die vollautomatische Maschine M, die mit einer Wahrscheinlichkeit von 20 % innerhalb einer Stunde ausfällt, wird nach jeder Stunde von einem Kontrolleur überprüft.

a) Mit welcher Wahrscheinlichkeit fällt die Maschine
(1) genau drei Stunden hintereinander nicht aus (Ereignis E_1)?
(2) mindestens drei Stunden nicht aus (Ereignis E_2)?
(3) frühestens in der fünften Stunde aus (Ereignis E_3)?
(4) genau dreimal hintereinander aus (Ereignis E_4)?
(5) erstmals in der dritten Stunde aus (Ereignis E_5)?
(6) in der sechsten Stunde zum drittenmal aus (Ereignis E_6?

b) Die Maschine M stellt mit einer Wahrscheinlichkeit von 95 % einwandfreie Teile her und zwar ein Teil in zehn Minuten. Wenn die Maschine drei nicht einwandfreie Teile produziert hat, wird sie neu eingestellt. Mit welcher Wahrscheinlichkeit muß die Maschine frühestens nach einer Stunde neu eingestellt werden?

5. Aufgaben zu Zufallsgrößen und ihre Verteilungen

54. Jedes Mal, wenn Gustav sieben Personen beisammen sieht, wettet er mit jedem, der dazu bereit ist, 200 : 1, daß darunter mindestens zwei Personen vorkommen, die am gleichen Wochentag geboren sind. Entscheide durch Rechnung, ob es sich für Gustav um eine günstige Wette handelt.

55. Ob Brieftauben zur Zucht verwendet werden dürfen, hängt vom Ausgang einer Bewertung durch ein Expertengremium ab. Es stehen fünf Prüfer zur Verfügung, von denen drei als "normal", zwei als sehr "streng" bekannt sind. Jede Bewertung einer Taube wird von zwei Prüfern vorgenommen, die vorher durch das Los bestimmt werden. Die Zufallsgröße X sei die Anzahl der strengen Prüfer.

a) (1) Bestimme die Wahrscheinlichkeitsverteilung der Zufallsgröße X und gib die Verteilungsfunktion F an.
   (2) Zeichne ein Histogramm der Wahrscheinlichkeitsfunktion mit $\Delta x = 1$ sowie den Graphen der Verteilungsfunktion F.
   (3) Berechne Erwartungswert E (X) und Varianz Var (X) der Zufallsgröße X.

b) Das Ereignis E sei das Bestehen der obigen Prüfung. Dies hänge wie folgt von der Anzahl der strengen Prüfer ab:
   $P_{X=0}(E) = 0{,}9$, $P_{X=1}(E) = 0{,}5$, $P_{X=2}(E) = 0{,}3$.
   (1) Mit welcher Wahrscheinlichkeit wird eine geprüfte Taube zur Zucht zugelassen?
   (2) Eine Taube ist zur Zucht zugelassen. Mit welcher Wahrscheinlichkeit wurde sie nur von "normalen" Prüfern bewertet?

56. Faschingskrapfen werden öfters aus Jux mit Senf gefüllt. Lehrling L hat übertrieben und dies bei 40 % aller Krapfen getan. Meister M überprüft das Werk seines Lehrlings und schneidet Krapfen auf, bis er zwei mit Senf gefüllte findet, höchstens jedoch fünf Stück. Die Zufallsgröße X gebe die Anzahl der aufgeschnittenen Krapfen an.

a) Gib die Wahrscheinlichkeitsverteilung der Zufallsgröße X an.

b) Berechne den Erwartungswert E (X), die Varianz Var (X) sowie die Standardabweichung σ (X) der Zufallsgröße X.

c) 50 der vom Lehrling L bearbeiteten Krapfen liegen in einem Korb. Mit welcher Wahrscheinlichkeit befinden sich mindestens 15 und höchstens 25 mit Senf gefüllten Krapfen darunter? Schätze das Ergebnis zuerst mit der Tschebyschow-Ungleichung ab und berechne dann den exakten Wert.

57. Wieviele Rosinen müssen in 1 kg Teig gemischt werden, damit ein 50 g-Brötchen mit einer Wahrscheinlichkeit von mindestens 99 % wenigstens eine Rosine erhält?

58. Ein Zufallsexperiment gelingt mit der Wahrscheinlichkeit $p = 0{,}3$.

a) Man führt eine Serie von sechs Versuchen durch. Wie groß ist die Wahrscheinlichkeit, daß alle sechs Ausführungen des Zufallsexperimentes in dieser Sache gelingen?
b) Wieviele solcher Sechserserien müssen mindestens durchgeführt werden, wenn man mit mehr als 90 % Wahrscheinlichkeit wenigstens eine Serie mit sechs gelungenen Versuchsausführungen erhalten will?
c) Welches Ergebnis ergibt sich in b), wenn man die Poissonverteilung als Näherung verwendet?

59. $$f_X(x) = \begin{cases} \frac{1}{4} + \frac{1}{4} \cdot x & \text{für } 0 \leq x \leq 2 \\ 0 & \text{sonst} \end{cases}$$

sei die Dichtefunktion einer Zufallsvariablen X.
a) Bestimme die zugehörige Verteilungsfunktion F und berechne $P\left(\frac{1}{2} < X \leq \frac{3}{2}\right)$.
b) Die Zufallsgröße Y sei durch $Y = g(X) = 4 + 4X^2$ definiert. Berechne $P(Y \leq 9)$.
c) Bestimme für die Zufallsgrößen X und Y jeweils den Erwartungswert und die Varianz.

60. Siegbert und Franz haben sowohl zu viele zollfreie Zigaretten als auch zuviel Alkohol im Zollfreigebiet eingekauft. Sie gehören zu einer Reisegruppe mit weiteren 23 Reisenden, die keine Schmuggelware bei sich haben. An der Grenze werden drei Personen ausgewählt und einschließlich ihres Gepäcks genau durchsucht.
Mit welcher Wahrscheinlichkeit werden

a) weder Siegbert noch Franz,
b) Siegbert und Franz,
c) nur Franz erwischt?

61. Die Anzahl der Kunden, die in der Zeit von 12.55 Uhr bis 13.00 Uhr (kurz vor der Mittagspause) noch schnell die Kasse eines Kaufhauses passieren, ist poissonverteilt mit $\mu = 5$.

a) Wie groß ist die Wahrscheinlichkeit, daß in diesem Zeitraum an einem bestimmten Tag
   (1) keine Kunden,
   (2) mehr als fünf Kunden,
   (3) zwei oder drei Kunden die Kasse passieren?

b) Es werden die nächsten 30 Tage auf die oben genannte Zeit hin betrachtet.
   (1) Welcher Verteilung genügt die Zufallsgröße $\widetilde{X}$, die die Anzahl der oben genannten Zeitabschnitte angibt, in denen mehr als fünf Kunden die Kasse passieren?
   (2) Mit welcher Wahrscheinlichkeit tritt dies an mehr als 10 Tagen ein?

62. Die gemeinsame Wahrscheinlichkeitsverteilung der Zufallsgrößen X und Y habe die folgenden Werte:

X \ Y	1	2	3
1	0,1	0,3	0,2
2	0,1	0,1	0,2

a) Bestimme den Erwartungswert und die Varianz von X und Y.

b) Berechne jeweils Erwartungswert und Varianz der Zufallsgrößen $Z_1 = X + Y$ und $Z_2 = X \cdot Y$.

63. Ein L-Würfel wird zweimal geworfen. Die Zufallsgröße X gebe die Anzahl der Sechser, die Zufallsgröße Y die Anzahl der geraden Augenzahlen an.

a) Gib die Wahrscheinlichkeitsverteilungen der Zufallsgrößen X und Y an und berechne jeweils Erwartungswert und Varianz.

b) Bestimme die gemeinsame Wahrscheinlichkeitsfunktion von X und Y. Vergleiche die Randwahrscheinlichkeiten mit dem Ergebnis aus a).

c) Überprüfe die Zufallsgrößen X und Y auf Unabhängigkeit.

d) Bestimme Erwartungswert und Varianz der Zufallsgrößen $Z_1 = 3\,X$ und $Z_2 = 2 \cdot Y + 7$.

64. Die unabhängigen Zufallsgrößen X und Y haben die folgenden Wahrscheinlichkeitsverteilungen.

x	1	2	3
P (X = x)	0,4	0,5	0,1

y	0	1
P (Y = y)	0,6	0,4

a) Bestimme jeweils Erwartungswert und Varianz sowie die gemeinsame Wahrscheinlichkeitsfunktion.
b) Bestimme die Wahrscheinlichkeitsverteilung der Zufallsgröße $Z = X + Y$.

65. Ein L-Tetraeder mit den Ziffern 1, 2, 3, 4 auf den Seitenflächen wird solange geworfen, bis die erste 1 auf der Standfläche erscheint, jedoch höchstens fünfmal. Die Zufallsgröße X gebe die Anzahl der Versuche an. Bestimme die Wahrscheinlichkeitsverteilung von X sowie E (X), Var (X) und σ (X).

66. Erfahrungsgemäß gibt es in unserer Bevölkerung 4 % Farbenblinde.
a) Mit welcher Wahrscheinlichkeit findet man unter 200 Personen höchstens sieben farbenblinde?
b) Wieviele Personen muß man mindestens überprüfen, um mit einer Wahrscheinlichkeit von wenigstens 95 % mindestens einen Farbenblinden zu finden?

67. Herr Superhirn gewinnt bei einem Glücksspiel mit der Wahrscheinlichkeit p. Er spielt so lange, bis er r mal gewonnen hat. Wie groß ist die Wahrscheinlichkeit, daß er nach
a) k Spielen aufhört,
b) nach k Spielen aufhört und dabei in ununterbrochener Reihenfolge gewonnen hat?

68. a) Ein L-Tetraeder mit den Ziffern 1, 2, 3, 4 wird einmal geworfen. Die Zufallsgröße X gibt die geworfene Zahl an, d. h. die Ziffer auf der Grundfläche.
Bei einem Spiel wird der Gewinn Y nach $Y = 3 \cdot X - 7$ errechnet. Berechne Erwartungswert, Varianz und Standardabweichung der Zufallsgröße X und daraus dann diese Werte für die Zufallsgröße Y. Standardisiere die Zufallsgrößen X und Y.

b) Das Tetraeder von Aufgabe a) werde zweimal unabhängig geworfen. Bestimme Erwartungswert und Varianz derjenigen Zufallsgröße Z, die die Summe der Augenzahlen angibt, direkt und mit Hilfe der Formeln. Bestimme dann für die Zufallsgröße Z', die das Produkt der Augenzahlen angibt, den Erwartungswert direkt und mit Hilfe der Formeln.

69. Ein Buch mit 400 Seiten enthält 40 Druckfehler. Wie groß ist die Wahrscheinlichkeit, daß die 5. Seite mehr als einen Druckfehler enthält?

70. Aus einer Großveranstaltung werden 500 Personen zufällig ausgewählt. Wie groß ist die Wahrscheinlichkeit, daß von diesen Personen mindestens eine am Tag der Veranstaltung Geburtstag hat?

71. Telefonanrufe in einem nicht zu groß gewählten Zeitintervall sind poissonverteilt.
An einer bestimmten Nebenstelle eines Büros gehen (tagsüber) durchschnittlich fünf Anrufe pro Stunde ein. Wie groß ist die Wahrscheinlichkeit, daß

a) innerhalb einer Stunde drei Anrufe,
b) innerhalb von 40 Minuten drei Anrufe eingehen?

72. Berechne für eine Normalverteilung $(\mu; \sigma)$ jeweils allgemein und für $\mu = 4$ und $\sigma = 2$ die folgende Wahrscheinlichkeiten und schraffiere diese im Graphen

a) $P(X \leq x_0)$; $x_0 = 5$
b) $P(X > x_0)$; $x_0 = 6$
c) $P(x_1 \leq X \leq x_2)$; $x_1 = 2, x_2 = 7$
d) $P(|X - \mu| \leq c)$; $c = 3$ bzw. $c = k \cdot \sigma, k = 1, 2, 3$
e) $P(|X - \mu| > c)$; $c = 2$
f) Bestimme c aus $P(|X - \mu| \leq c) = p$ für
$p \in \{0{,}9; 0{,}95; 0{,}98; 0{,}99; 0{,}999\}$

73. Anstecknadeln als Eintrittsnachweise für eine Festveranstaltung sind nur mit einer Wahrscheinlichkeit von 0,5 % defekt. Der Festausschuß hat sich vorbehalten, eine Lieferung zurückzuweisen, wenn in einer Packung von 500 Stück mindestens fünf defekte Nadeln enthalten sind.
Mit welcher Wahrscheinlichkeit wird die Lieferung zurückgewiesen?
(Verwende als Näherung der Binomialverteilung die Poissonverteilung bzw. den Grenzwertsatz von Moivre-Laplace).

6. Aufgaben zum Schätzen, Konfidenzinteravalle und Testen

74. Glühlampen werden auf ihre durchschnittliche Brenndauer so geprüft, daß man eine Anzahl so lange brennen läßt, bis sie ausfallen. Bei einer Prüfung von 100 Glühlampen ergab sich das arithmetische Mittel $\overline{x}$ der Brenndauer zu $\overline{x} = 1.500$ h sowie eine Stichprobenvarianz $s^2 = 14.641$ h^2.

a) Bestimme mit einer Sicherheitswahrscheinlichkeit $\gamma = 95$ % ein symmetrisches Konfidenzintervall für den Erwartungswert μ der Brenndauer.

b) Wie muß man verfahren, wenn nur eine Mindestbrenndauer interessiert?

c) In welchen "Konflikt" kommt man bei der Konstruktion von Konfidenzintervallen in Hinblick auf die Konfidenzaussage?

75. Eine Umfrage unter 100 Männern ergab, daß 29 % von ihnen das neue Rasierwasser R kannten. In welchem Intervall liegt mit einer Sicherheitswahrscheinlichkeit von 99 % der prozentuale Anteil der Männer, die das Rasierwasser R kennen.

76. Beim ASU-Test (Abgassonderuntersuchung) wird auch der CO-Gehalt der Abgase gemessen. Bei einer Stichprobe von n = 30 PKW ergaben sich folgende Werte in %

2,9	3,0	2,9	3,3	3,2	3,0	3,2	3,1	3,5	2,9
3,0	3,4	2,9	2,9	3,3	2,9	3,5	3,0	3,1	3,4
3,3	2,0	3,1	3,2	2,9	3,4	3,2	3,3	2,9	3,0

a) Schätze den durchschnittlichen CO-Gehalt sowie dessen Streuung erwartungstreu.

b) Gib für den durchschnittlichen CO-Gehalt μ ein Konfidenzintervall zur Sicherheitswahrscheinlichkeit $\gamma = 98$ % an.

77. In einer Kleinstadt mit 10.000 Haushalten soll der Anteil der Haushalte mit mehr als einem Fernseher geschätzt werden. In einer Stichprobe von 200 Haushalten befinden sich 70 mit mehr als einem Fernseher. Bestimme ein Konfidenzintervall mit der Sicherheitswahrscheinlichkeit $\gamma = 95$ % für den wahren Anteil p der Haushalte mit mehr als einem Fernseher.

78. Bei der Auszählung der Stimmen der Kommunalwahlen in einer Stadt mittlerer Größe entfielen von 3.000 bereits ausgezählten Stimmen 450 auf die Wählervereinigung ZYX.

a) Gib einen erwartungstreuen Schätzwert für den prozentualen Anteil der Wählervereinigung ZYX an.

b) Gib ein Konfidenzintervall zur Sicherheitswahrscheinlichkeit $\gamma = 99$ % für den Anteil der Stimmen der Wählervereinigung ZYX sowie aller anderen kandidierenden Gruppen an.

79. Unternehmer U schätzt den Wert seines Warenlagers durch eine Stichprobe der Länge 1.200 aus 10.000 sortierten Artikeln. Es ergab sich ein arithmetisches Mittel $\overline{x} = 419{,}40$ DM sowie eine Stichprobenvarianz $s^2 = 16.641 \text{ (DM)}^2$.
Gib ein Konfidenzintervall zur Sicherheitswahrscheinlichkeit $\gamma = 95$ % für den Gesamtwert des Lagers an.

80. In einer Klinik wird der Trinkbedarf aller 260 Kleinkinder durch eine Stichprobe von 48 zufällig ausgewählten Kinden geschätzt. Es ergab sich ein Bedarf von 0,6 Liter pro Tag bei einer Standardabweichung von 0,13 Liter.
Bestimme ein Konfidenzintervall mit der Sicherheitswahrscheinlichkeit $\gamma = 95$ % für den täglichen Trinkbedarf eines Kleinkindes bzw. für alle Kleinkinder.

81. Um welchen Faktor muß der Stichprobenumfang bei gleicher Sicherheitswahrscheinlichkeit γ vergrößert werden, wenn die Länge des Konfidenzintervalles für den Mittelwert halbiert werden soll?

82. Bei der Überprüfung der Rechenfähigkeiten von 1.000 Schülern konnten 150 einfachste Prozentaufgaben nicht lösen. Daraufhin behauptet der Leiter der Untersuchung, daß der Anteil der Schüler mit Rechenschwächen größer ist als der Anteil der Schüler mit einer Leseschwäche ($p = 12{,}5$ %).
Überprüfe diese Aussage auf dem 5 %-Signifikanzniveau.

83. Das Heilmittel M ist schon längere Zeit im Handel und besitzt eine Erfolgswahrscheinlichkeit $p_1 = 0{,}9$. Das neue Heilmittel N mit der unbekannten Erfolgswahrscheinlichkeit $p_2 = p$ soll getestet werden. Man untersucht die beiden Hypothesen H_1: "N ist nicht besser als M, falls $p \leq 0{,}9$" und H_2: "N ist besser als M, falls $p > 0{,}9$". N wird an 50 Versuchspersonen erprobt und H_1 wird verworfen, falls die Anzahl der Erfolge für das Heilmittel N größer als 48 ist.

a) Bestimme den Fehler 1. Art.

b) Wie groß ist der Fehler 2. Art, wenn $p = 0{,}96$ gilt?

84. Zwischen Bäckermeister B und Lehrling L ist ein heftiger Streit entbrannt. Bäckermeister B behauptet, daß nur bei höchstens 25 % seiner Rosinenbrötchen Rosinen an der Oberfläche zu sehen sind, Lehrling L, daß es mindestens 30 % sind.
Lehrling L beschließt daraufhin, die nächsten 100 Rosinenbrötchen, die aus dem Backofen kommen, zu untersuchen und der Meinung seines Meisters nur dann zuzustimmen, wenn höchstens 26 Brötchen mit der oben beschriebenen Eigenschaft auftreten.

a) Es stellt sich ein solches Stichprobenergebnis ein. Mit welcher Wahrscheinlichkeit könnte der Lehrling L dennoch eine Fehlentscheidung getroffen haben, wenn seine Behauptung zutrifft.
b) Angenommen der Anteil wäre wirklich nur höchstens 25 %. Wie würde in diesem Fall eine mögliche Fehlentscheidung des Lehrlings lauten und mit welcher Wahrscheinlichkeit tritt sie ein?
c) Wie groß müßte die Stichprobenlänge n mindestens sein und wie müßte die Entscheidungsregel für die Hypothese $H_1 : p_1 \leq 0{,}25$ bei der Alternative $H_2 : p_2 \geq 0{,}3$ lauten, wenn beide Fehlentscheidungen höchstens 5 % betragen sollten.

85. Bei einer Qualitätskontrolle wurden 9 fehlerhafte Teile in einer Stichprobe vom Umfang $n = 200$ festgestellt. Man prüfe bei einem Signifikanzniveau $\alpha = 5\ \%$ die Angabe des Herstellers, daß der Ausschußanteil in der Produktion dieser Teile höchstens 3 % beträgt.

86. Eine Spinnerei stellt eine bestimmte Garnsorte her, deren mittlere Reißfestigkeit aus vielen Versuchen zu $\mu_0 = 12{,}6$ N bestimmt wurde. Durch ein neues Herstellungsverfahren erhofft man sich eine Erhöhung der Reißfestigkeit. Aus der neuen Produktion erhält man aus einer Stichprobe von 100 Messungen eine durchschnittliche Reißfestigkeit von $\bar{x} = 13{,}5$ N bei einer Standardabweichung $s = 1{,}8$ N.
Kann man auf dem 1 %-Signifikanzniveau behaupten, daß die neue Garnsorte eine höhere Reißfestigkeit besitzt?

87. Bei einer Lotterie mit 4.000 Losen wird versichert, daß sich darunter 1.000 Gewinnlose befinden. Herr Y kauft 20 Lose.

a) Mit welcher Wahrscheinlichkeit hat Y höchstens 1 Gewinnlos unter den 20 gekauften Losen?

b) Da Y in Wirklichkeit auch nur ein Gewinnlos unter den 20 Losen findet, glaubt er der Behauptung, daß 25 % der Lose Gewinnlose sind, nicht. Untersuche diese Behauptung auf dem 10 %-Signifikanzniveau.

88. Zur Montage eines Gerätes benötigt eine Firma ein Verbindungsstück V, das nicht im eigenen Betrieb hergestellt wird. Der Hersteller von V behauptet, daß der Ausschußanteil höchstens 10 % beträgt.

a) Der Hersteller von V bietet an, daß man eine Lieferung zurückweisen darf, wenn in einer Stichprobe von 100 Bauteilen mehr als k defekt sind. Für welchen Wert von k kann man mit mindestens 95 % Sicherheit die Behauptung des Herstellers zurückweisen?

b) Durch häufiges Zurückweisen von Sendungen ist der Verdacht aufgekommen, daß der Ausschußanteil von V auf 20 % angestiegen sein könnte.
Welche Stichprobenlänge n muß ein Test haben und welche Entscheidungsregel ist aufzustellen, wenn die Hypothese $H_1 : p_1 \leq 0{,}1$ mit einer Sicherheit von 95 % bei ihrem Zutreffen nicht verworfen werden soll, aber auch die Alternative $H_2 : p_2 = 0{,}2$ höchstens mit 5 % Wahrscheinlichkeit irrtümlich abgelehnt werden soll?

89. Fritz behauptet, daß die Besucher einer Faschingsveranstaltung nach einer durchzechten Nacht mit einer Wahrscheinlichkeit von mindestens 70 % an Kopfschmerzen leiden. Er befragt 350 Besucher. Wie muß die Entscheidungsregel für die Annahme seiner Behauptung lauten, wenn er sich bei deren Zutreffen höchstens mit 5 % irren will.

90. Eine Maschine füllt 1.000g-Packungen Mehl mit einer Standardabweichung $\sigma = 15$ g ab. Mit Hilfe eines Tests vom Stichprobenumfang 100 soll das mittlere Füllgewicht der Mehlpackungen auf dem 5 %-Signifikanzniveau überprüft werden.

91. Der Hersteller eines Massenartikels garantiert einem Abnehmer, daß der Ausschuß höchstens 10 % beträgt. Dieser will diese Behauptung mit einer Stichprobe der Länge 50 testen und stellt folgende Entscheidungsregel auf: Wenn in einer Sendung von 50 Teilen sieben oder mehr defekt sind, so soll die Sendung zurückgeschickt werden.

a) Berechne das Risiko für den Hersteller, daß eine Sendung zurückgeht.

b) Wie groß wäre das Risiko für den Abnehmer, die Sendung nicht zurückzuschicken, falls sogar 20 % defekt wären?

c) Der Hersteller möchte sein Risiko (siehe a)) auf höchstens 5 % verringern. Wie muß die Entscheidungsregel für eine Stichprobe des Umfangs 50 lauten? Wie groß sind bei dieser Entscheidungsregel die wirklichen Werte für die Risiken aus a) und b)?

92. In einer Winzerei wird der Wein maschinell abgefüllt. Die Abfüllmaschine ist auf 1.000 ml pro Flasche eingestellt. Nach einer bestimmten Zeit wird die Maschine auf ihren Sollwert überprüft. Man entnimmt der Produktion 100 Flaschen und stellt einen mittleren Inhalt $\overline{x} = 998{,}8$ ml bei einer Stichprobenvarianz $s^2 = 16\ (ml)^2$ fest.
Überprüfe auf dem 5 %-Signifikanzniveau, ob die Maschine noch den Sollwert einhält.

93. Da die Wirksamkeit ihres Grippeschutzmittels stark angezweifelt wird, startet die Firma "Grippefrei" eine Großuntersuchung. 1.000 zufällig ausgewählte Personen eines Regierungsbezirkes werden mit dem Mittel geimpft. Von diesen Personen erkranken 160 an Grippe, während der Prozentsatz der Erkrankungen der nichtgeimpften Personen des Regierungsbezirkes bei 21 % liegt. Kann man auf dem 1 %-Signifikanzniveau einen positiven Effekt des Grippeschutzmittels nachweisen?

94. Andenkenhändler H überprüft eine Lieferung von Modeschmuck, für den der Hersteller einen Ausschuß von höchstens 5 % garantiert. Mit ihm hat H deshalb vereinbart, daß er eine Sendung zurückweisen darf, wenn er unter 20 überprüften Schmuckstücken mehr als zwei fehlerhafte findet. Dies ist eingetreten. H beschimpft den Hersteller am Telefon, daß seine Angabe von 5 % Ausschuß falsch sei. Mit welcher Wahrscheinlichkeit könnte H eine Fehlentscheidung getroffen haben, obwohl die Angabe des Herstellers zutrifft?

95. In jedem Jahr ärgern sich die Besucher des Schützenfestes über schlecht eingeschenkte Maßkrüge. Karl will die Behauptung des Festwirtes, daß höchstens 10 % versehentlich schlecht eingeschenkt seien, gegen seine Behauptung, daß es mindestens 20 % sind, testen.

a) Welche Entscheidungsregel muß er aufstellen, wenn er sich bei einer Stichprobe von 200 Krügen höchsten mit einer Wahrscheinlichkeit von 5 % beim Zutreffen seiner Behauptung irren will?
b) Wie groß ist dann die Wahrscheinlichkeit für eine Fehlentscheidung von Karl, falls die Aussage des Wirtes doch zutrifft?

96. Die Firma Reifengummi gibt an, daß die Lebensdauer ihrer Reifen eine normalverteilte Zufallsgröße mit dem Mittelwert $\mu = 44.000$ km bei einer Standardabweichung $\sigma = 5.000$ km sei. Zur Prüfung wurden 400 Reifen aus der laufenden Produktion ausgewählt und überprüft. Es ergab sich eine durchschnittliche Lebensdauer von 43.200 km.
Überprüfe auf dem 5 %-Signifikanzniveau, ob sich die durchschnittliche Lebensdauer der Reifen verringert hat.

97. Der Mineralwasserabfüller Quellfrisch garantiert seinen Abnehmern von Mineralwasser einen Natriumgehalt von höchstens 22 mg pro Liter. Bei Kontrollmessungen an 25 Flaschen ergab sich ein Wert von 24 mg pro Liter bei einer Standardabweichung $s = 1{,}3$ mg pro Liter.
Kann man auf dem 5 %-Signifikanzniveau der Garantie der Abfüllfirma noch zustimmen?

98. Bei der Produktion von Flügelschrauben erhält man erfahrungsgemäß einen Ausschuß von 15 %.

a) Ein Kontrolleur nimmt diese Tatsache genau dann als gegeben an, wenn er bei der Kontrolle von 50 Schrauben höchstens neun defekte findet. Mit welcher Wahrscheinlichkeit trifft er bei dieser Entscheidungsregel eine Fehlentscheidung?

b) Mit welcher Wahrscheinlichkeit bleibt der Kontrolleur bei seiner falschen Meinung von 15 % Ausschuß, wenn sich die Ausschußwahrscheinlichkeit auf 25 % erhöht hat und obige Entscheidungsregel beibehalten wird.

c) Hersteller und Abnehmer der Flügelschrauben einigen sich auf folgenden Prüfplan für die Annahme einer Lieferung: Aus einer Schachtel entnimmt man 10 Schrauben (mit Zurücklegen). Findet man in der Stichprobe höchstens ein Ausschußstück, so wird die Sendung als in Ordnung angenommen, bei mehr als zwei Ausschußstücken zurückgewiesen. Bei genau zwei Ausschußstücken darf man eine zweite Stichprobe von 10 Schrauben (mit Zurücklegen) entnehmen. Die Lieferung wird aber nur dann angenommen, wenn sich in der 2. Stichprobe kein Ausschußstück befindet.
Mit welcher Wahrscheinlichkeit wird eine Sendung angenommen, wenn man von 15 % Ausschuß ausgeht?

99. Frau M kauft Papierservietten 2. Wahl, von denen nach Auskunft der Verkäuferin 10 % unbrauchbar sind. Frau M benötigt zu einer Party 100 Servietten. Wieviele Servietten muß sie mindestens kaufen, damit sie mit einer Wahrscheinlichkeit von mehr als 99 % reichen?

II. Klausuren und umfassende Aufgaben

100. Staatsoberhaupt S behauptet, daß er bei Ordensverleihungen das Proporzdenken der Parteien streng beachte. So beträgt die Wahrscheinlichkeit, daß ein Anhänger der Volkspartei V einen Orden erhält, 40 %.

1. S verleiht drei Orden.
   Die Ereignisse A und B seien durch A: "Höchstens zwei Orden für V" und B: "Genau ein Orden V" definiert.
   a) Bestimme mit Hilfe eines Baumdiagrammes die Wahrscheinlichkeiten P (A) und P (B). (Hinweis: Verwende: Orden an V: 1; Orden nicht an V: 0)
   b) Gib das Ereignis E_1: "Weder A noch B" als Teilmenge von Ω an und bestimme P (E_1).
   c) Beschreibe das Ereignis E_2: "Entweder A oder B" zuerst in der Sprache der Ereignisalgebra und dann inhaltlich mit Worten. Bestimme P (E_2).
   d) Überprüfe die Ereignisse E_1 und E_2 auf Unvereinbarkeit.
   e) Vereinfache mit den Gesetzen der Mengenalgebra:
   $\overline{(\bar{A} \cup B)} \cup \overline{(\bar{A} \cup \bar{B})}$

2. S verleiht sechs Orden. Mit welcher Wahrscheinlichkeit
   a) gehen nur der erste und der fünfte Orden an V?
   b) geht nur ein Orden an V?
   c) geht kein Orden an V?
   d) geht mindestens ein Orden an V?

3. Um die Ordensflut einzudämmen, schlägt ein Berater von S vor, daß die auszuzeichnenden Personen bestimmte Verdienste erworben haben müssen, unbedingt die Meriten M und N.
   Eine repräsentative Untersuchung in der Bevölkerung ergibt, daß 17 % M, 25 % N, aber 60 % keine der beiden Voraussetzungen erfüllen.
   a) Erstelle eine vollständige Vierfeldertafel und gib den Anteil der Bevölkerung an, der für eine Ordensverleihung überhaupt in Frage kommt.
   b) Es werden auf gut Glück 1.000 Personen aus der Bevölkerung ausgewählt. Von wievielen Personen erwartet man, daß sie für eine Ordensverleihung sicher nicht in Frage kommen?

101. Auf einem Glücksrad (siehe Abbildung) ist ein Sektor schraffiert. Zeigt der Pfeil nach dem Stillstand des Rades auf diesen Sektor, so spricht man von einem Treffer T, sonst von einer Niete N. Die Wahrscheinlichkeit für einen Treffer sei p mit $0 < p < 1$.

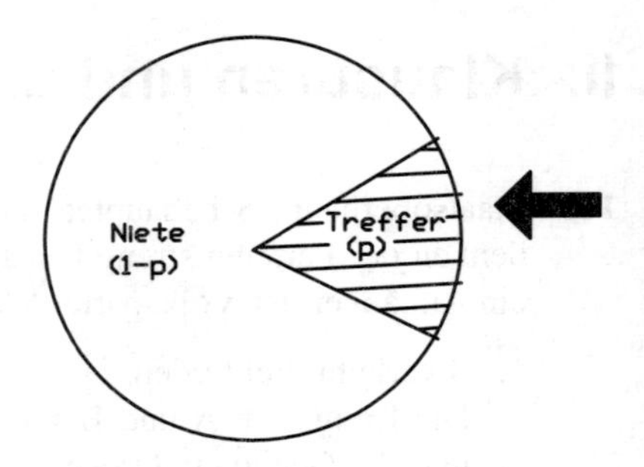

1. Das Rad wird dreimal gedreht. Die Ereignisse A und B werden durch A: "Mindestens zwei Treffer" und B: "Genau ein Treffer" definiert.
   a) Zeichne ein Baumdiagramm und berechne die Wahrscheinlichkeiten P (A) und P (B).
   b) Überprüfe die Ereignisse A und B auf Unvereinbarkeit.
   c) Beschreibe das Ereignis $E = \overline{A} \cap \overline{B}$ mit Worten und begründe, daß die Ereignisse A, B und E eine Zerlegung von Ω bilden.
   d) Das obige Zufallsexperiment wird zu einem Glücksspiel verwendet. Man gewinnt, wenn sich das Ereignis B einstellt.
   Wie muß die Treffwahrscheinlichkeit p gewählt werden, damit die Gewinnwahrscheinlichkeit P (B) maximal wird? Berechne dann diese Gewinnwahrscheinlichkeit P (B).
   (Zum Vergleich: $p = \frac{1}{3}$)
   e) Wie oft muß das Rad mit der Trefferwahrscheinlichkeit $p = \frac{1}{3}$ mindestens gedreht werden, damit man mit einer Wahrscheinlichkeit von mehr als 95 % wenigstens einen Treffer erzielt?
2. Das obige Glücksspiel mit einer Gewinnwahrscheinlichkeit $P(\text{Gewinn}) = \frac{4}{9}$ wird fünfmal gespielt. Mit welcher Wahrscheinlichkeit erhält man
   a) nur ein Gewinnspiel,
   b) mindestens ein Gewinnspiel,
   c) das erste Gewinnspiel beim fünften Spiel,
   d) nur Gewinnspiele?
3. Unter den Schülern, die sich für die Genehmigung des Glücksspiels durch die Schulleitung aussprachen, waren 75 % Jungen und 10 % auswärtige Mädchen; das sind 25 % aller betrachteten Auswärtigen. Zeichne eine vollständige Vierfeldtafel und bestimme daraus den Anteil der antragstellenden Schüler, die entweder ortsansässig oder Mädchen sind.

102. Die bekannte Klinik in einer wunderschönen Waldgegend Deutschlands ist voll im Griff von Oberschwester H. Ihre stochastischen Probleme wollen wir lösen.

1. Oberschwester H ist die Vorsitzende des Personalrates der Klinik. Neben ihr gehören noch vier Damen und vier Herren diesem Gremium an.
   a) Bei ihren Sitzungen nehmen die neuen Personen an einem runden Tisch Platz. Wieviele verschiedene Möglichkeiten der Sitzordnung gibt es, wenn
      (α) keinerlei Einschränkungen gelten,
      (β) die vier Herren immer nebeneinandersitzen,
      (γ) nur nach Damen und Herren unterschieden wird.
   b) Heute sitzt H separat, die anderen acht Personen um den runden Tisch. Wie groß ist für diese die Wahrscheinlichkeit einer bunten Reihe?

2. 40 % der Patienten, die Beruhigungsmittel nehmen, sprechen auch auf Placebos an.
   a) Mit welcher Wahrscheinlichkeit befindet sich unter vier von diesen Personen mindestens eine, die auf Placebos anspricht?
   b) Mit welcher Wahrscheinlichkeit befinden sich unter zehn Personen genau vier, die auf Placebos ansprechen?
   c) Wieviele Personen muß man mindestens untersuchen, um mit einer Wahrscheinlichkeit von mehr als 99,9 % wenigstens eine zu finden, die auf Placebos anspricht?
   d) H hat in einer Schachtel 20 Tabletten, 14 Beruhigungstabletten und 6 Placebos, die sich äußerlich nicht unterscheiden.
      H gibt auf gut Glück 8 Tabletten aus. Mit welcher Wahrscheinlichkeit hat sie von jeder Sorte gleich viele ausgegeben?

3. H beobachtet die Patienten A, B, C eines Dreibettzimmers, die in dieser Reihenfolge mit einem idealen Würfel werfen. Gewonnen hat derjenige, der als erster eine "Sechs" würfelt, andernfalls endet das Spiel unentschieden.
   Überprüfe durch Berechnung des Verhältnisses der Gewinnwahrscheinlichkeiten P (A) : P (B) : P (C), ob dieses Spiel gerecht ist.

4. Jedes Mal, wenn Oberschwester H sieben Personen beisammen sieht, wettet sie mit jedem, der dazu bereit ist, 100 : 1, daß darunter mindestens zwei Personen vorkommen, die am gleichen Wochentag geboren sind.
   Entscheide durch Rechnung, ob es sich für H um eine günstige Wette handelt.
   (Anmerkung: Die Wette 100 : 1 bedeutet, daß H beim Eintreffen ihrer Behauptung 1 DM bekommt, ansonsten verliert sie 100 DM).

103. Heimarbeiter H baut in ein elektrisches Kleingerät jeweils eine Sicherung und einen Schalter ein.

1. Die Sicherungen werden mit einem Ausschußanteil von 10 % hergestellt.
   a) Aus der laufenden Produktion werden 15 Sicherungen zufällig entnommen. Mit welcher Wahrscheinlichkeit treten die folgenden Ereignisse ein?
      A_1: Alle Sicherungen sind in Ordnung
      A_2: Nur die erste, die fünfte und die letzte Sicherung sind defekt
      A_3: Genau drei Sicherungen sind defekt
      A_4: Die letzte entnommene Sicherung ist die dritte defekte
   b) Wieviele Sicherungen müssen der Produktion mindestens entnommen werden, um mit einer Wahrscheinlichkeit von mindestens 99 % wenigstens eine defekte zu erhalten?
2. Auch die Schalter sind nicht alle einwandfrei. Sie sind mit der Wahrscheinlichkeit p defekt.
   a) Wie groß darf diese Defektwahrscheinlichkeit p höchstens sein, damit unter 10 zufällig ausgewählten Schaltern mit mindestens 60 % Wahrscheinlichkeit alle in Ordnung sind?
      (Zum Vergleich: $p = 0{,}05$; verwende diesen Wert in den folgenden Teilaufgaben)
   b) Die Schalter werden in Schachteln zu je 10 Stück verpackt und diese wieder in Kartons mit 10 Zehnerpacks. Mit welcher Wahrscheinlichkeit befinden sich in einem Karton genau sechs Zehnerpackungen ohne defekte Schalter?

3. Die von H durch eine Sicherung und durch einen Schalter vervollständigten elektrischen Geräte arbeiten nur einwandfrei, wenn Sicherung und Schalter einwandfrei sind, wobei die Fehler von Sicherung und Schalter unabhängig voneinander auftreten.
   Verwende für die folgenden Teilaufgaben:
   A: Eine Sicherung ist in Ordnung
   B: Ein Schalter arbeitet einwandfrei
   C: Ein elektrisches Gerät funktioniert
   a) Mit welcher Wahrscheinlichkeit funktioniert ein elektrisches Gerät?
   b) Ein elektrisches Gerät ist defekt. Mit welcher Wahrscheinlichkeit ist
      (α) eine Sicherung,
      (β) nur eines der beiden Bauteile defekt?
   c) In einem elektrischen Gerät ist nur ein Bauteil defekt. Mit welcher Wahrscheinlichkeit ist es die Sicherung?

104. Unternehmer U sieht trotz angestrengter Überlegungen auf endlosen Spaziergängen nur noch einen Ausweg aus seiner prekären Situation. Er versucht sich beim Glücksspiel.
Er betätigt mit einer 5 DM Münze einen Spielautomaten, dessen drei rotierende Glücksräder er unabhängig voneinander stoppen kann. Jedes Glücksrad trägt zehn gleichmäßig angeordnete Quadrate, sechs rote, drei blaue und ein weißes. Jedes Quadrat erscheint nach dem Stoppen mit der gleichen Wahrscheinlichkeit im zugehörigen Anzeigefenster.

1. Berechne bei einmaligem Spiel die Wahrscheinlichkeit der folgenden Ereignisse:
   A: Es erscheinen drei verschiedene Farben
   B: Es erscheint dreimal rot
   C: Es erscheint dreimal die gleiche Farbe

2. Vom Spielautomaten werden folgende Beträge ausgezahlt, wobei die Zufallsgröße X die Auszahlung pro Spiel angibt.

Anzeige	rrr	bbb	www	w.w	sonst
Auszahlung X in DM	10	20	100	50	0

   a) Bestimme die Wahrscheinlichkeitsverteilung der Zufallsgröße X.
   b) Bestätige, daß die Wahrscheinlichkeit für eine Auszahlung 25,3 % beträgt.

Wie groß ist die Wahrscheinlichkeit für eine Auszahlung in einem Spiel, wenn man weiß, daß der Automat im vorhergehenden Spiel Geld ausgeworfen hat?

c) Mit welcher Wahrscheinlichkeit wirft der Automat
(α) erstmals spätestens im 5. Versuch,
(β) erstmals im 5. Versuch und zum dritten Male im 10. Versuch Geld aus?

d) Berechne Erwartungswert E (X), Varianz V (X) sowie die Standardabweichung σ (X) der Zufallsgröße X.

e) U spielt 1.000 mal. Wieviele Spiele mit einer Auszahlung, welche Auszahlung in DM und welchen Gewinn in DM erwartet er?

f) Schätze mit Hilfe der Ungleichung von Tschebyschow ab, um wieviele (volle) DM mindestens die Auszahlung bei 1.000 Spielen vom erwarteten Wert abweichen muß, damit die Wahrscheinlichkeit dafür höchstens 10 % beträgt?

3. Nach einer Beschwerde kontrolliert die Aufsichtsbehörde den Automaten und verlangt eine Auszahlungswahrscheinlichkeit von mindestens 25 %. Zur Überprüfung wird der Automat 100 mal in Gang gesetzt. Er bleibt unbeanstandet, wenn mehr als 20 mal eine Auszahlung erfolgt.
Mit welcher Wahrscheinlichkeit wird der Automat fälschlicherweise beanstandet, obwohl er der gestellten Anforderung von mindestens 25 % Auszahlung genügt?

105. Ein regulärer Körper aus 20 gleichseitigen Dreiecken heißt Ikosaeder

Zehn seiner Flächen sollen die Ziffer 1, vier die Ziffer 2 und die restlichen in gleicher Anzahl die Ziffern 3, 4 und 5 tragen.
Als geworfen gilt die Augenzahl, auf der das Ikosaeder liegt.

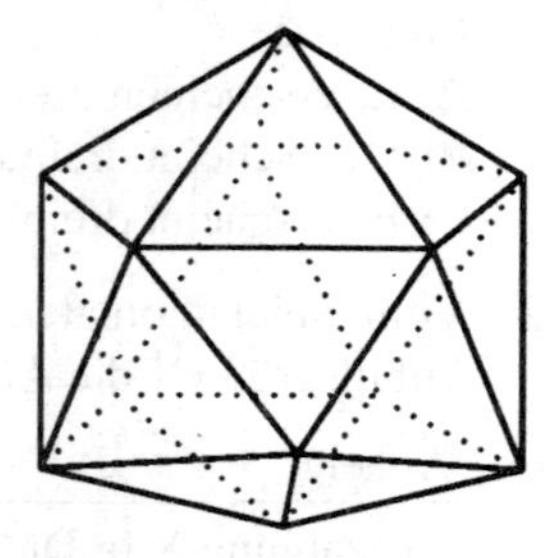

1. Das Ikosaeder wird einmal geworfen.

a) Gib für diesen Wurf die Wahrscheinlichkeitsverteilung an.

b) Mit welcher Wahrscheinlichkeit treten die Ereignisse A: "Das Ergebnis ist eine gerade Zahl" und B: "Das Ergebnis ist eine Zahl kleiner als 4" auf?

c) Überprüfe die Ereignisse A und B auf
   (1) Unvereinbarkeit,
   (2) Unabhängigkeit.

d) Beim dreimaligen Werfen des Ikosaeders erhält man die Zahlen 1, 2, 3 als Ergebnis. Wie groß ist die Wahrscheinlichkeit für ein solches Ergebnis, wenn diese drei Zahlen
   (1) in der Reihenfolge 1, 2, 3,
   (2) in beliebiger Reihenfolge auftreten?

e) Wie oft muß man das Ikosaeder mindestens werfen, um mit einer Wahrscheinlichkeit von mehr als 95 % wenigstens einmal die Zahl 5 zu erhalten?

f) Das Ikosaeder wird fünfzigmal geworfen. Wie groß ist die Wahrscheinlichkeit, daß die Zahl 2 mindestens achtmal als Ergebnis auftritt?

g) Ein Skeptiker glaubt nur dann an die Wahrscheinlichkeit $p = 0{,}1$ für das Auftreten der Zahl 5, wenn bei 100 Würfen des Ikosaeders die Zahl 5 mindestens siebenmal und höchstens dreizehnmal als Ergebnis erscheint. Mit welcher Wahrscheinlichkeit verwirft er die Laplace-Voraussetzung $p = 0{,}1$ irrtümlich?

h) Die Laplace-Annahme $p = 0{,}1$ für die Augenzahl 5 soll auf dem 5 %-Signifikanzniveau mit 100 Würfen (zweiseitig) getestet werden. Wie lautet die Entscheidungsregel?

2. Das Ikosaeder wird jetzt fünfmal geworfen und die Augenzahl nach jedem Wurf notiert. Es entstehen fünfstellige Zahlen unter Berücksichtigung der Reihenfolge.

   a) Wieviele verschiedene Zahlen können auftreten?

   b) Wieviele Zahlen mit lauter gleichen Ziffern sind möglich?

   c) Mit welcher Wahrscheinlichkeit tritt
      (1) die Zahl 11223,
      (2) eine Zahl mit fünf verschiedenen Ziffern auf?

3. Das Ikosaeder wird jetzt zweimal geworfen. Die Zufallsgröße X gebe die Summe der beiden geworfenen Zahlen an (Augensumme).

   a) Gib für die Zufallsgröße X die Wahrscheinlichkeitsverteilung an und berechne Erwartungswert E (X), Varianz Var (X) sowie die Standardabweichung σ (X).

   b) Man benutzt das Ikosaeder zu einem Glücksspiel. Man zahlt 2 DM als Einsatz und gewinnt 100 DM, wenn beim zweimaligen Wurf die

Augensumme 10 erscheint, 10 DM bei der Augensumme 9. Bei allen anderen Augensummen fällt kein Gewinn an.
Überprüfe, ob dieses Spiel fair ist.

c) Man führt eine Serie von 200 solchen Glücksspielen durch.
Mit welcher Wahrscheinlichkeit gewinnt man
(1) mindestens fünfmal,
(2) höchstens zehnmal?

d) Die Augensumme 3 tritt mit einer Wahrscheinlichkeit von 0,2 auf. Es werden 500 Zweierwürfe des Ikosaeders ausgeführt.
(1) Wie oft wird die Augensumme 3 erwartet?
(2) In welchem symmetrischen Bereich um den erwarteten Wert wird die Anzahl der Augensummen 3 mit einer Wahrscheinlichkeit von 95 % liegen bei
(α) einer Abschätzung mit der Tschebyschow-Ungleichung,
(β) einer Berechnung mit der Normalverteilung?

106. In einer Schachtel befinden sich 50 Spezialschrauben, von denen 10 nicht in Ordnung sind. Aus der Schachtel werden drei Schrauben (ohne Zurücklegen) herausgenommen.

1. a) Zeichne ein Baumdiagramm und berechne die Wahrscheinlichkeiten der Ereignisse
A: "Mindestens zwei Schrauben sind defekt" und
B: "Mindestens eine Schraube ist in Ordnung".

b) Formuliere das Ereignis $E = A \cap B$ in Worten und überprüfe dann die Ereignisse A und B auf Unabhängigkeit.

2. Aus obiger Schachtel werden nun Schrauben mit Zurücklegen entnommen.

a) Mit welcher Wahrscheinlichkeit erhält man frühestens beim 4. Zug eine Schraube, die nicht in Ordnung ist (Ereignis E_1)?

b) Mit welcher Wahrscheinlichkeit erhält man beim zweiten Zug die erste und beim zehnten Zug die vierte defekte Schraube (Ereignis E_2)?

c) Wieviele Schrauben muß man mindestens entnehmen, um mit einer Wahrscheinlichkeit von mehr als 90 % mindestens eine defekte Schraube zu erhalten?

d) Es werden 20 Schrauben entnommen. Mit welcher Wahrscheinlichkeit sind mindestens 15 in Ordnung?

3. Bei der Produktion von Flügelschrauben erhält man erfahrungsgemäß einen Ausschuß von 15 %.
   a) Ein Kontrolleur nimmt diese Tatsache genau dann als gegeben an, wenn er bei der Kontrolle von 50 Schrauben höchstens neun defekte findet. Mit welcher Wahrscheinlichkeit trifft er bei dieser Entscheidungsregel eine Fehlentscheidung?
   b) Mit welcher Wahrscheinlichkeit bleibt der Kontrolleur bei seiner Meinung von 15 % Ausschuß, selbst wenn sich der Ausschußanteil auf 25 % erhöht hat?
4. Hersteller und Abnehmer der Flügelschrauben einigen sich auf folgenden Prüfplan für die Annahme einer Sendung:
   Aus einer Schachtel entnimmt man 10 Schrauben (mit Zurücklegen). Findet man in der Stichprobe höchstens ein Ausschußstück, so wird die Sendung als in Ordnung angenommen, bei mehr als zwei Ausschußstücken wird sie zurückgewiesen. Bei genau zwei Ausschußstücken darf eine zweite Stichprobe von 10 Schrauben (mit Zurücklegen) entnommen werden. Die Sendung wird aber nur dann angenommen, wenn sich in der zweiten Stichprobe kein Ausschußstück befindet. Mit welcher Wahrscheinlichkeit wird eine Sendung als in Ordnung angenommen?

107. 1. Der Inhaber R eines kleinen Reisebüros weiß aus langjähriger Erfahrung, daß 80 % seiner Kunden das Reiseziel S bevorzugen.
   a) Mit welcher Wahrscheinlichkeit befinden sich unter
      (1) den nächsten 20 Buchungen genau 16 für S?
      (2) den nächsten 100 Buchungen mindestens 75 für S?
   b) Wieviele Buchungen müssen mindestens vorgenommen werden, damit mit einer Wahrscheinlichkeit von mehr als 99 % wenigstens eine Buchung nicht auf S lautet?

2. Zur Vorinformation liegen bei R Prospekte über S aus. Jeder Besucher des Reisebüros nimmt mit einer Wahrscheinlichkeit von 75 % eine solche Schrift mit. Da eine Nachlieferung noch nicht eingetroffen ist, hat T heute nur noch 46 Schriften über S.
   Wieviele Besucher dürfen heute höchstens das Reisebüro besuchen, wenn das Informationsmaterial mit einer Wahrscheinlichkeit von mindestens 90 % ausreichen soll?

3. a) In der Hauptreisezeit werden die Besucher nach S mit einem Großraumflugzeug befördert, das 330 Plätze besitzt. In der Regel werden 8 % der Buchungen kurzfristig wieder rückgängig gemacht. Wieviele Buchungen dürfen angenommen werden, damit das Platzangebot mit einer Wahrscheinlichkeit von 99 % reicht?

b) Die Fluggesellschaft weiß aus Erfahrung, daß wegen der günstigen Zollbestimmungen unter anderem jeder zweite Fluggast eine Flasche des alkoholischen Getränkes A und jeder fünfte Fluggast eine Flasche Parfüm der Marke B kauft. Wieviele Flaschen von jeder Sorte müssen mindestens an Bord eines vollbesetzten Flugzeuges gebracht werden, damit es mit einer Wahrscheinlichkeit von mehr als 95 % keinen Ärger mit den Kaufwünschen der Fluggäste gibt?

4. Regentage treten in S sehr selten auf, nämlich nur mit einer Wahrscheinlichkeit von 1 % auf. Der Kunde K verbringt einen dreiwöchigen Urlaub (21 Tage) in S. Mit welcher Wahrscheinlichkeit erlebt er während seines Urlaubs keinen Regentag.

5. Wegen der großen Hitze besitzt das Hotel Klimaanlagen. Es sind Anlagen zweier verschiedener Firmen installiert. Einzige Ausfallursache sind gleiche Kondensatoren, die mit einer Wahrscheinlichkeit $q = 1 - p$ unabhängig voneinander ausfallen. In der einen Anlage sind vier, in der anderen zwei solcher Kondensatoren verarbeitet. Die Klimaanlage ist betriebsbereit, wenn mindestens die Hälfte der Kondensatoren noch intakt ist. Für welchen Wert von q ist die Anlage mit den zwei Kondensatoren der mit den vier Kondensatoren vorzuziehen?

6. Die Reiseleiter sind aufgefordert, das Urlaubsverhalten ihrer Gäste genau zu beobachten. Reiseleiter L untersucht das Verhalten "Baden" und "Besuch organisierter Abendveranstaltungen", die beide unabhängig voneinander sind. Die Zufallsgröße X gebe die Anzahl der Badetage und die Zufallsgröße Y die Anzahl der besuchten Abendveranstaltungen an. L hat folgende Verteilung gefunden:

x_i	1	4	7	10
$P(X = x_i)$	0,35	0,3	0,2	0,15

Y_k	2	3	6
$P(Y = y_k)$	0,5	0,4	0,1

a) Bestimme für die Zufallsgrößen X und Y jeweils Erwartungswert und Varianz.
b) Mit welcher Wahrscheinlichkeit weicht die Anzahl der Badetage um höchstens eine Standardabweichung vom Erwartungswert ab?
c) $\widetilde{Y}$ sei die zu Y gehörende standardisierte Zufallsgröße. Bestimme die Verteilung von $\widetilde{Y}$.
d) Bestimme die gemeinsame Wahrscheinlichkeitsverteilung der unabhängigen Zufallsgrößen X und Y. Mit welcher Wahrscheinlichkeit tritt die beliebteste "Kombination" auf?

108. Da die Ausschreibung eines hochdotierten Managerpostens eine große Anzahl von Bewerbern erbracht hat, müssen diese zur Vorauswahl einige Tests bestehen, die wir stochastisch begleiten wollen.

1. Der Gesundheitstest

   Man weiß in der Konzernleitung, daß bei diesem Test von den für den Posten ungeeigneten Personen 98 % richtig und von den geeigneten 5 % falsch eingestuft werden. In der Gruppe der Bewerber um den obigen Posten seien 90 % gesundheitlich geeignet.
   Mit welcher Wahrscheinlichkeit wird eine willkürlich ausgewählte Person

   a) als geeignet eingestuft,
   b) geeignet sein, obwohl sie als ungeeignet eingestuft wird?

2. Der Reaktionstest

   Jeder Prüfling muß beim Eintreten eines bestimmten optischen Signales auf dem Monitor eines elektronischen Gerätes innerhalb einer festgelegten Zeitspanne einen Knopf drücken (Treffer).
   Dem Prüfling K gelingt dies ohne vorherige Übung nur mit einer Wahrscheinlichkeit von 20 %.

   a) Mit welcher Wahrscheinlichkeit trifft K
      (1) bei zehn Versuchen dreimal (Ereignis U)?
      (2) beim zehnten Versuch zum dritten Mal (Ereignis V)?
   b) Begründe, daß die Ereignisse U und V abhängig sind.
   c) Wieviele Versuch muß K mindestens ausführen, um mit einer Wahrscheinlichkeit von mehr als 95 % mindestens einmal zu treffen?

3. Der Wissenstest

   a) Bei der mündlichen Prüfung stehen fünf Prüfer zur Verfügung, wobei drei von einem Arbeitgeberverband und zwei von einem Arbeitnehmerverband kommen. Jede Prüfung wird von zwei Prüfern abgenommen, die vorher ausgelost werden. Die Zufallsgröße X sei die Anzahl der Prüfer, die der Arbeitnehmerverband stellt.
      (1) Bestimme die Wahrscheinlichkeitsverteilung der Zufallsgröße X sowie den Erwartungswert E (X).
      (2) Die Wahrscheinlichkeit, diesen Test zu bestehen (Ereignis E), hänge wie folgt von der Anzahl X der Prüfer aus dem Arbeitnehmerverband ab:
      $P_{X=0}(E) = 0{,}9$; $P_{X=1}(E) = 0{,}5$; $P_{X=2}(E) = 0{,}3$.

1. Zeige, daß man diese mündliche Prüfung nur mit einer Wahrscheinlichkeit von 0,6 bestehen kann.
2. Ein zufällig ausgewählter Prüfling hat diese Prüfung bestanden. Mit welcher Wahrscheinlichkeit ist er nur von Prüfern des Arbeitgeberverbandes geprüft worden?

b) Im schriftlichen Teil der Prüfung müssen Aufgaben aus der Stochastik gelöst werden.

(1) 1. Vereinfache mit den Gesetzen der Mengenalgebra für die Ereignisse A, B $\subseteq \Omega$:

$\overline{(A \cup \overline{B})} \cup \overline{(\overline{A} \cup \overline{B})}=$

2. Für die Ereignisse, A, B $\subseteq \Omega$ gelte:

$P(\overline{A} \cap B) = 0{,}3$, $P(A \cup B) = 0{,}8$ und $P(A \cap \overline{B}) = 0{,}4$.

Berechne $P(A \cap B)$, $P(A)$, $P(B)$, $P(\overline{A} \cup B)$ und $P(\overline{A} \cap \overline{B})$.

(2) Die Zufallsgröße Y mit $P(Y = 1) = P(Y = 2)$ und $E(Y) = 1{,}65$ habe die folgende Wahrscheinlichkeitsverteilung:

Y_i	0	1	2	3
$P(Y = y_i)$				0,4

1. Vervollständige die Wahrscheinlichkeitsverteilung und berechne $Var(Y)$ und $\sigma(Y)$.
2. Gib die folgenden Werte an:
   $E(2Y + 4)$, $Var(3Y + 2)$ und $\sigma(9Y - 6)$.
3. Welche inhaltliche Bedeutung hat $Var(Y)$?

(3) An einer Garderobe geben n Personen ihren Schirm ab. Da keine Garderobenmarken ausgegeben wurden, erhält beim Weggehen jede Person rein zufällig irgendeinen Schirm. Mit welcher Wahrscheinlichkeit P_n bekommt mindestens eine Person ihren Schirm wieder? Gegen welchen Wert strebt diese Wahrscheinlichkeit P_n, wenn n über all Grenzen wächst?

4. Nach diesem strengen Ausleseverfahren haben nur drei Kandidaten alle Hürden überwunden und in einer internen Punktebewertung die gleiche Punktezahl erreicht. Da auch sonst keine weiteren Kriterien vorhanden sind, eine der drei Personen A, B oder C zu bevorzugen, schlägt der Vorsitzende der Einstellungskommission vor, daß die drei Kandidaten in der Reihenfolge A, B, C einmal einen idealen Würfel werfen. Eingestellt wird derjenige, der zuerst eine 1 würfelt. Fällt in der ersten Runde keine 1, so wird das Spiel wiederholt usw..
Begründe, daß A die größten Chancen hat, eingestellt zu werden.

109. 1. Der Fußballclub FC Volle Pulle hat endlich sein Ziel erreicht, den Aufstieg von der C-Klasse in die B-Klasse. Präsident Vielgeldhab trifft die Vorbereitungen für die neue Saison.

a) Die B-Klasse umfaßt 16 Mannschaften. Wieviele Spiele gibt es in der gesamten Saison?

b) Neben den beiden Torleuten hat der Präsident noch 11 weitere Feldspieler verpflichtet. Libero Klopper, Vorstopper Halter und Mittelstürmer Bomber sind auf ihren Positionen fest gesetzt. Wieviele Möglichkeiten der Aufstellung gibt es dann noch, wenn die beiden Torleute gleichwertig und die restlichen Feldspieler Allroundspieler sind?

c) Präsident Vielgeldhab rechnet, daß man mit 28 Pluspunkten (nach der alten Wertung: 2 Punkte für einen Sieg, 1 Punkt für ein Unentschieden) nicht wieder absteigt. Da er weiß, daß mit der Unterstützung der Zuschauer jedes Heimspiel mit der Wahrscheinlichkeit von 80 % gewonnen wird, will er diese 28 Punkte in den 15 Heimspielen erreichen. Mit welcher Wahrscheinlichkeit tritt dies ein, wenn die Wahrscheinlichkeit für ein Heimunentschieden praktisch Null ist?

d) Da Vielgeldhab merkt, daß das mit den Heimspielen ins Auge gehen kann, setzt er für jeden auswärts gewonnenen Punkt eine Prämie aus, die sich ab dem dritten gewonnenen Auswärtspunkt verdoppelt. Mit welcher Wahrscheinlichkeit muß der Präsident die verdoppelte Prämie zahlen, wenn die Wahrscheinlichkeiten für ein Auswärtsunentschieden bei 0,05 und für einen Auswärtssieg bei 0,01 liegen?

e) Mit welcher Wahrscheinlichkeit erreicht der FC Volle Pulle die vom Präsidenten geforderten 28 Punkte durch zwölf Heim- und zwei Auswärtssiege?

2. Angesichts dieser trüben Aussichten (Wahrscheinlichkeiten) verpflichtet Präsident Vielgeldhab den Startrainer Sprücheklopfer. Dieser macht bereits nach kurzer Zeit eine deprimierende Erfahrung. Trotz intensivsten Trainings ändern sich die Treffer- bzw. Erfolgswahrscheinlichkeiten einzelner Spieler nicht.

   a) Der Trainer prüft die Fußballschuhe seiner Spieler. Aus langjähriger Erfahrung weiß er, daß die Wahrscheinlichkeit dafür, daß ein Paar Fußballschuhe Mängel aufweist, 3 % beträgt.

      (1) Wie groß ist die Wahrscheinlichkeit, daß unter 20 geprüften Paaren genau zwei Paare Mängel aufweisen?

      (2) Wie groß ist die Wahrscheinlichkeit, daß unter 20 geprüften Paaren höchstens ein Paar Mängel aufweist?

   b) Von Mittelstürmer Bomber ist bekannt, daß er einen Strafstoß mit der Wahrscheinlichkeit 0,7 verwandelt. Mit welcher Wahrscheinlichkeit überwiegt beim Elfmetertraining in einer Zehnerserie von Strafstößen die Trefferzahl?

   c) Beim Üben des Eckstoßes gelingt es dem irischen Linksaußen O'Bein einen Eckstoß mit der Wahrscheinlichkeit 10 % direkt zu verwandeln.

      (1) Wieviele Ecken muß O'Bein mindestens schlagen, um mit einer Wahrscheinlichkeit von mehr als 99 % wenigstens eine Ecke direkt zu verwandeln?

      (2) Der Bundesligatrainer Überallguck lädt O'Bein zum Probetraining ein und läßt ihn 156 Ecken schießen (natürlich mit den üblichen Erholungszwischenräumen), von denen er neun direkt verwandelt. Kann man die Behauptung, daß O'Bein (mindestens) 10 % der Eckbälle direkt verwandelt, auf dem 10 %-Signifikanzniveau aufrecht erhalten?

3. Schiedsrichter Regeltreu trifft in einem Spiel nur richtige oder falsche Entscheidungen. In 95 % aller Fälle sind seine Entscheidungen richtig.

   a) Berechne die Wahrscheinlichkeit dafür, daß unter den 50 Entscheidungen während eines Spieles höchstens drei Fehlentscheidungen sind.

   b) (1) Die Zufallsgröße X' gebe die Anzahl der Fehlentscheidungen des Schiedsrichters Regeltreu an. Berechne den Erwartungswert $\mu = E(X')$ sowie Varianz Var (X') und Standardabweichung $\sigma(X')$.

(2) Schätze mit Hilfe der Tschebyschow-Ungleichung die Wahrscheinlichkeit dafür ab, daß die Anzahl der Fehlentscheidungen von Schiedsrichter Regeltreu im Bereich $| X' - \mu | < 2 \cdot \sigma$ liegt.

(3) Berechne den genauen Wahrscheinlichkeitswert aus 3.2.2. durch Verwendung der Normalverteilung.

c) Schiedsrichter Regeltreu behauptet, daß die Vergabe von Strafstößen pro Spiel bei ihm ein seltenes Ereignis (poissonverteilt) sei. Zur Bestärkung dieser Behauptung hat er über die letzten 200 von ihm geleiteten Spiele die folgende Aufzeichnung geführt, wobei die Zufallsgröße S die Anzahl der Strafstöße pro Spiel und n die Anzahl der Spiele mit s Strafstößen angeben.

s	0	1	2	3	4 oder mehr
n	148	45	6	1	0

Überprüfe die Behauptung des Schiedsrichters auf Vorliegen einer Poissonverteilung.

4. Torwart Hintenzu verletzt sich bei einem Spiel. Er kommt zunächst in eine Spezialklinik, die als Aufenthaltsdauer ihrer Patienten die folgende Verteilung besitzt:

x in Tagen	5	6	10	20
P (X = x)	0,1	0,5	0,3	0,1

Anschließend kommt Hintenzu in ein von der Klinik unabhängig arbeitendes Sanatorium, das für die Aufenthaltsdauer die folgende Verteilung angibt:

y in Tagen	30	20	10
P (Y = y)	0,1	0,3	0,6

a) Bestimme die Wahrscheinlichkeitsverteilung der Zufallsgröße $Z = X + Y$.

b) (1) Berechne die Erwartungswerte E (X), E (Y) und E (Z) = E (X + Y).
Welche Heilungsdauer erwartet man für Torwart Hintenzu?

(2) Berechne die Varianzen Var (X), Var (Y) und Var (Z) = Var (X + Y).

c) Berechne die Wahrscheinlichkeitsverteilung der zu Y gehörenden standardisierten Zufallsvariablen Y*.

d) Die Heilungsdauer einschließlich Anfahrt und Rücktransport dauert durchschnittlich 25 Tage. Mit welcher Wahrscheinlichkeit dauert die Heilung bei Hintenzu mehr als 30 Tage?

110. 1. An einem Gymnasium zeigt sich bei der Wahl der beiden Leistungskurse aus den drei Aufgabenfeldern (I: SLK, II: GPR, III: MNT), daß wegen der diversen "Bindungen" die Kollegiaten ihren ersten Leistungskurs zu 60 % aus III und zu 40 % aus I wählen, den zweiten LK dagegen gleichmäßig aus allen drei Feldern (II-II ist wegen der Kernfachbindung an diesem Gymnasium nicht möglich!).

a) (1) Zeichne ein Baumdiagramm zur Wahl der beiden Leistungskurse und gibt die Wahrscheinlichkeiten aller Elementarereignisse an.

(2) Gib die Wahrscheinlichkeiten der Ereignisse A. "Beide Leistungskurse sind aus einem Aufgabenfeld" und B: "Mindestens ein Leistungskurs ist aus dem Bereich III".

(Zum Vergleich: P (A) = $\frac{1}{3}$.

(3) Untersuche die Ereignisse A und B auf Unvereinbarkeit.

(4) Untersuche die Ereignisse A und B auf Unabhängigkeit.

b) Berechne die bedingten Wahrscheinlichkeiten P_B (A) und P_A (B) und formuliere sie in Worten.

c) Wieviele Wahlbogen muß der Kollegstufenbetreuer mindestens überprüfen, um mit einer Wahrscheinlichkeit von mindestens 99 % wenigstens einmal auf das Ereignis A zu stoßen?

d) Der Kollegstufenbetreuer ordnet die Wahlbogen alphabetisch.
Mit welcher Wahrscheinlichkeit sind unter den ersten zehn Bogen

(1) genau fünf,

(2) mindestens drei,

(3) höchstens vier, bei denen beide Leistungskurse aus einem Aufgabenfeld stammen?

2. Zur Wahl seines weiteren Kursprogrammes und seiner Abiturprüfungsfächer muß der Kollegiat noch 50 (zur Vereinfachung unabhängige) Entscheidungen treffen. Nach den Erfahrungen der Kollegstufenbetreuer sind nur 70 % dieser Entscheidungen richtig.

a) Wie groß ist die Wahrscheinlichkeit, daß ein Kollegiat
   (1) keine,
   (2) höchstens zehn Fehlentscheidungen trifft?

b) (1) Berechne Erwartungswert $\mu = E(F)$ und Standardabweichung $\sigma(F)$, wenn die Zufallsgröße F die Anzahl der Fehlentscheidungen angibt.
   (2) Schätze mit Hilfe der Tschebyschow-Ungleichung die Wahrscheinlichkeit dafür ab, daß die Anzahl der Fehlentscheidungen innerhalb des 2 σ-Bereiches um μ liegen.
   (3) Zeige, daß diese Wahrscheinlichkeit aus 2.2.2. bei Verwendung einer Normalverteilung auch unabhänging von den jeweiligen Werten μ und σ ist.

3. Mit der Grundkursbesuchsmoral steht es landesweit bekanntlich nicht zum besten. Erfahrungen zeigen, daß der "Normkollegiat" an einem beliebigen Schultag mit einer Wahrscheinlichkeit von $p = 0{,}2$ fehlt.

   a) Wie groß ist die Wahrscheinlichkeit, daß der Kursleiter an einem Tag weniger als 15 seiner 20 Kollegiaten antrifft?

   b) Wieviele Unterrichtstage muß er mindestens beobachten, um mit einer Wahrscheinlichkeit von mehr als 90 % wenigstens einen fehlenden Kollegiaten festzustellen?

   c) Kollegstufenbetreuer K glaubt, daß die Absentenwahrscheinlichkeit $p = 0{,}2$ nicht stimmt. Er will diesen Wert nur dann als richtig annehmen, wenn er bei der Überprüfung der nächsten 1.000 Absentenmöglichkeiten höchstens 220 Absenzen feststellt.
      (1) Mit welcher Wahrscheinlichkeit trifft K beim Zutreffen von $p = 0{,}2$ eine Fehlentscheidung?
      (2) Die Absentenhäufigkeit ist in Wirklichkeit auf $p' = 0{,}25$ angestiegen. Mit welcher Wahrscheinlichkeit trifft K bei obiger Entscheidungsregel eine Fehlentscheidung?
      (3) Wie müßte die Entscheidungsregel bei $p = 0{,}2$ lauten, wenn der Fehler aus (1) höchstens mit einer Wahrscheinlichkeit von 1 % auftreten soll?

4. Die Schulaufgabenbilanz eines LK Mathematik im Kurshalbjahr 12/2 (zur Vereinfachung nur im Punktbereich der Note 1) erbrachte folgende Wahrscheinlichkeitsverteilung, wenn X die erreichte Punktzahl in der 1. Klausur und Y die erreichte Punktzahl in der 2. Klausur angibt.

x	14	13
P (X = x)	0,5	0,5

Y	15	14	13
P (Y = y)	0,1	0,4	0,5

a) Berechne E (X), Var (X), E (Y), Var (Y) und daraus E (X + Y) und Var (X + Y).

b) Für das Zeugnis werden die Punktzahlen addiert. Ermittle die Wahrscheinlichkeitsverteilung S = X + Y und berechne hieraus E (X + Y) und Var (X + Y). Vergleiche diese Werte mit den Ergebnissen aus 5.1..

Lösungen

I. Übungsaufgaben

1. Ereignisräume

1. a) $\Omega = \{ZZ, ZW, WZ, WW\}$

b) $\Omega = \{13, 15, 17, 31, 35, 37, 51, 53, 57, 71, 73, 75\}$

c) $\Omega = \{20, 24, 26, 40, 42, 46, 60, 62, 64\}$

d) $\Omega = \{ggg, ggr, grg, rgg, grr, rrg, rgr\}$

e) $\Omega = \{ggg, ggr, grg, rgg, grr, rrg, rgr, rrr\}$

f) $\Omega = \{11, 12, 13, 14, 21, 22, 23, 24, 31, 32, 33, 34, 41, 42, 43, 44\}$

2. a) $E_1 = \{gug, uug, guu, uuu\}$

b) $E_2 = \{gug\}$

c) $E_3 = \{ugg, gug, ggu, uug, ugu, guu, uuu\}$

d) $E_4 = \{ggg, ugg, gug, ggu\}$

e) $E_5 = \{uug, ugg, guu, ggu\}$

f) $E_6 = \{uug, ugg, guu, ggu, ugu, uuu\}$

3. a) $E_1 = \{12, 13, 14\}$ $\quad \overline{E_1} = \{23, 24, 34\}$

b) $E_2 = \{24\}$ $\quad \overline{E_2} = \{12, 13, 14, 23, 34\}$

c) $E_3 = \{12, 13, 14, 23, 34\}$ $\quad \overline{E_3} = \{24\}$

d) $E_4 = \{12, 14, 23, 34, 13\}$ $\quad \overline{E_4} = \{24\}$

4. a)

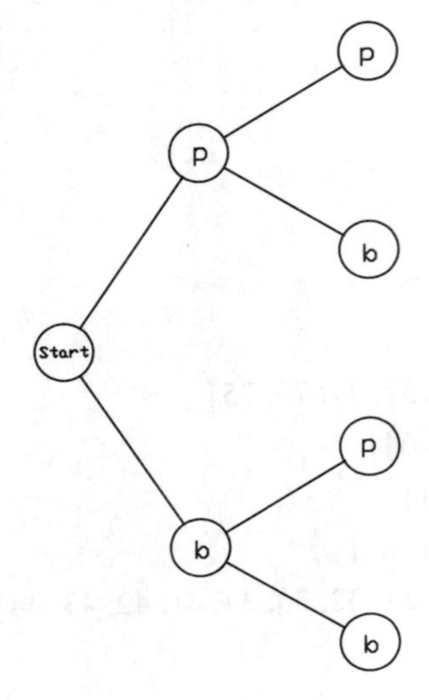

$\Omega = \{pp, pb, bp, bb\}$
Besitzt der Ergebnisraum Ω n Elemente, so hat der Ereignisraum 2^n Elemente.

$|\Omega| = 4 \Rightarrow$ Ereignisraum $|P(\Omega)| = 2^4 = 16$

b) A = {bb}, B = {pb. bp}

c) $A \cap B = \varnothing \Rightarrow$ A, B unvereinbar

d) C: "Beide Tabletten sind Placebos"

e) Ω' = {ppbb, pbpb, pbbp, bpbp, bppb, bbpp, bbbp, bbpb, bpbb, pbbb, bbbb}

$|\Omega'| = 11$

f) $\Omega'' = \{0, 1, 2\} \Rightarrow |\Omega''| = 3$

5. a)

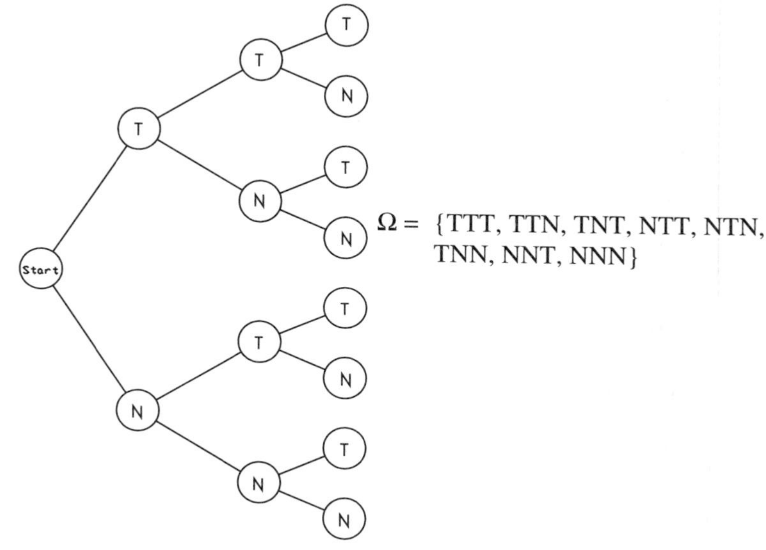

$\Omega = \{TTT, TTN, TNT, NTT, NTN, TNN, NNT, NNN\}$

b) $E_1 = \{TNN, NTN, NNT, TTN, TNT, NTT, TTT\}$

$E_2 = \{TNN, NTN, NNT\}$

$E_3 = \{NNN, TNN, NTN, NNT\}$

$E_4 = \{TTT, TTN, TNT, TNN\}$

$E_5 = \{TNN\}$

$E_6 = \{NTT, TNT, TTN\}$

c) $E_1 \cap E_3 = \{TNN, NTN, NNT\} = E_2$: "Genau ein Wurf ist ein Treffer"

$\overline{E_1} \cap \overline{E_2} = \{NNN\}$: "Kein Treffer tritt auf"

$E_4 \cap E_6 = \{TNT, TTN\}$: "Nur der 2. oder der 3. Wurf ist eine Niete"

$\overline{E_3 \cup E_4} = \{NTT\}$: "Nur der 1. Wurf ist eine Niete"

$\overline{E_5} = \{TTT, TTN, TNT, NTT, NNT, NTN, NNN\}$: "Der 1. Wurf ist eine Niete oder nicht der einzige Treffer"

d) $E_2 \cap E_6 = \varnothing \Rightarrow E_2, E_6$ unvereinbar

oder

$E_5 \cap E_6 = \varnothing \Rightarrow E_5, E_6$ unvereinbar

6. a) $A_1 \cap A_2 \cap A_3$

b) $A_1 \cup A_2 \cup A_3$

c) $(A_1 \cap \bar{A}_2 \cap \bar{A}_3) \cup (\bar{A}_1 \cap A_2 \cap \bar{A}_3) \cup (\bar{A}_1 \cap \bar{A}_2 \cap A_3) \cup$

$(\bar{A}_1 \cap \bar{A}_2 \cap \bar{A}_3)$

oder

$\overline{(A_1 \cap A_2) \cup (A_1 \cap A_3) \cup (A_2 \cap A_3)}$

oder

$(\bar{A}_1 \cup \bar{A}_2) \cap (\bar{A}_1 \cup \bar{A}_3) \cap (\bar{A}_2 \cup \bar{A}_3)$

d) $\bar{A}_1 \cap \bar{A}_2 \cap \bar{A}_3 = \overline{A_1 \cup A_2 \cup A_3}$

e) $(A_1 \cap A_2 \cap \bar{A}_3) \cup (A_1 \cap \bar{A}_2 \cap A_3) \cup (\bar{A}_1 \cap A_2 \cap A_3)$

f) $(A_1 \cap A_2 \cap A_3) \cup (A_1 \cap \bar{A}_2 \cap A_3) \cup (A_1 \cap A_2 \cap \bar{A}_3) \cup$

$(A_1 \cap \bar{A}_2 \cap \bar{A}_3)$

7. a) $[A \cap \overline{(A \cup B)}] \cup [B \cap (A \cup B)] = A \cap (\bar{A} \cap \bar{B}) \cup B =$

$= [(A \cap \overline{A}) \cap B] \cup B = [\varnothing \cap B] \cup B = \varnothing \cup B = B$

b) $[B \cup \overline{(\bar{A} \cup B)}] \cap (\bar{A} \cap \bar{B}) = [B \cup (\bar{\bar{A}} \cap \bar{B})] \cap \overline{(A \cup B)} =$

$= [B \cup (A \cap \bar{B}) \cap \overline{(A \cup B)} = [(B \cup A) \cap (B \cup \bar{B})] \cap \overline{(A \cup B)} =$

$= [(B \cup A) \cap \Omega] \cap \overline{(A \cup B)} = (A \cup B) \cap \overline{(A \cup B)} = \varnothing$

c) $(\bar{A} \cup B) \cap (A \cup B) = [\bar{A} \cap (A \cup B)] \cup [B \cap (A \cup B)]$

$[(\bar{A} \cap A) \cup (\bar{A} \cap B)] \cup B = (\bar{A} \cap B) \cup B = B$

d) $\overline{(A \cap \bar{B})} \cap \bar{B} = (\bar{A} \cup B) \cap \bar{B} = (\bar{A} \cap \bar{B}) \cup (B \cap \bar{B}) =$

$= (\bar{A} \cap \bar{B}) \cup \varnothing = \bar{A} \cap \bar{B}$

2. Wahrscheinlichkeitsverteilung, relative Häufigkeit, Pfadregeln

8.

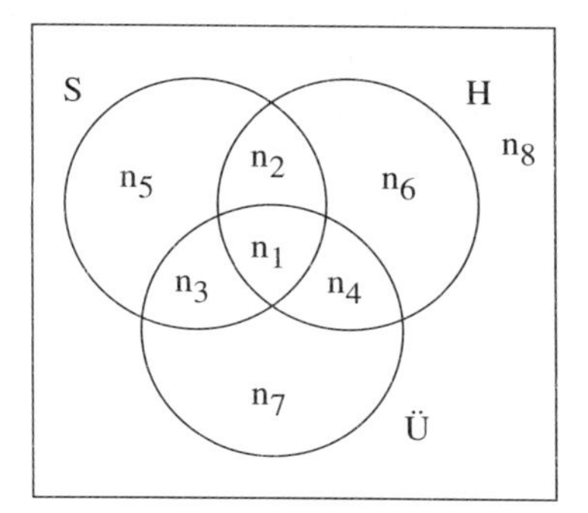

Aus dem nebenstehenden Diagramm und aus der Aufgabenstellung liest man folgende Gleichung ab:

$$
\begin{array}{lllllllllll}
1. & n_1 + n_2 + n_3 & & + n_5 & & & & = & 60 \\
2. & n_1 + n_2 & + n_4 & & + n_6 & & & = & 90 \\
3. & n_1 + n_3 & + n_4 & & & + n_7 & & = & 120 \\
4. & n_1 + n_2 & & & & & & = & 30 \\
5. & n_1 + & + n_4 & & & & & = & 40 \\
6. & n_1 + n_3 & & & & & & = & 20 \\
7. & & & & & & n_8 & = & 10 \\
8. & n_1 + n_2 + n_3 & + n_4 & + n_5 & + n_6 & + n_7 & + n_8 & = & 200
\end{array}
$$

Durch sukzessives Einsetzen erhält man:

$n_2 = 20$, $n_3 = 10$, $n_4 = 30$, $n_5 = 20$, $n_6 = 30$, $n_7 = 70$,

$n_8 = 10$ und $n_1 = 10$. Daraus erhält man die gesuchten relativen Häufigkeiten.

a) $h\,(S \cap H \cap Ü) = \dfrac{n_1}{n} = \dfrac{10}{200} = 5\ \%$

b) $h\,(H \cap \overline{S} \cap \overline{Ü}) = \dfrac{n_6}{n} = \dfrac{30}{200} = 15\ \%$

c) $h\,(S) = \dfrac{n_1 + n_2 + n_3 + n_5}{n} = \dfrac{60}{200} = 30\ \%$

9.

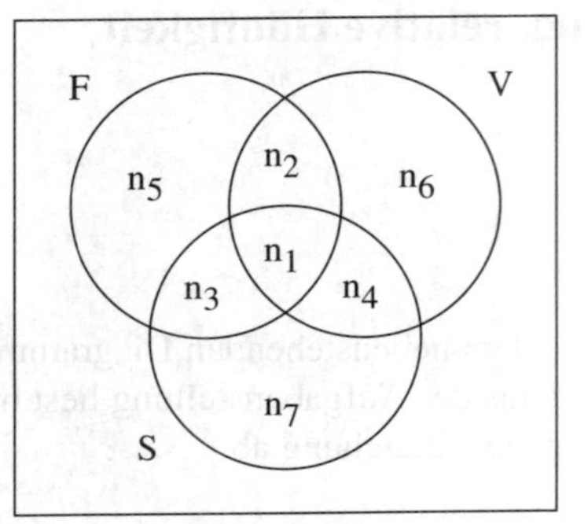

Aus dem nebenstehenden Diagramm und aus der Aufgabenstellung liest man folgende Gleichung ab:

1. $n_1 + n_2 + n_3 + n_4 + n_5 + n_6 + n_7 = 50$
2. $n_1 + n_2 + n_3 + n_5 = 32$
3. $n_1 + n_2 + \quad + n_4 + n_6 = 16$
4. $n_1 + n_3 + n_4 + n_7 = 11$
5. $n_1 + \quad + n_3 = 5$
6. $n_1 + n_2 = 4$
7. $n_1 + n_4 = 3$

Durch sukzessives Einsetzen erhält man:

$n_1 = 3,\ n_2 = 1,\ n_3 = 2,\ n_4 = 0,\ n_5 = 26,\ n_6 = 12,\ n_7 = 6$

Die Wahrscheinlichkeiten werden durch die relativen Häufigkeiten angegeben.

a) Drei Schüler nehmen an allen drei Sportarten teil.

b) $P(A) = \dfrac{n_2 + n_3 + n_4}{n} = \dfrac{3}{50} = 6\ \%$

$P(B) = \dfrac{50 - n_1}{50} = \dfrac{47}{50} = 94\ \%$

c) $\overline{A \cup B} = \overline{B}$, da $A \subseteq B$: "Teilnehmer an drei Sportarten"

$P(\overline{A \cup B}) = P(\overline{B}) = 1 - P(B) = \dfrac{3}{50} = 6\ \%$

10. a) $h = \frac{500}{1.000} = 50\ \%$, da es zwischen 1 und 1.000 genau 500 gerade Zahlen gibt.

b) $h = \frac{25}{100} = 25\ \%$, da es zwischen 1 und 100 genau 25 Primzahlen gibt.

c) $h = \frac{71}{1000} = 7{,}1\ \%$, da es zwischen 1 und 1.000 genau 71 Zahlen gibt, die durch $14 = 2 \cdot 7$ teilbar sind.

11. $h = 0{,}18 \cdot 0{,}192 = 0{,}03456 \approx 3{,}5\ \%$

12. h (E) = 0,51 gibt an, daß in einem bestimmten Gebiet oder in einem bestimmten Zeitintervall 51 % der geborenen Kinder Jungen waren.
P (E) = 0,51 gibt an, daß ein noch ungeborenes Kind mit der Wahrscheinlichkeit 51 % ein Junge sein wird.

13. Wegen des Inhalts von 4 Damen und 8 Karten mit der Farbe Herz gilt:

$P(A) = \frac{1}{8}$, $P(B) = \frac{1}{4}$, $P(A \cap B) = \frac{1}{32}$

a) $P(A \cup B) = P(A) + P(B) - P(A \cap B) = \frac{4}{32} + \frac{8}{32} - \frac{1}{32} = \frac{11}{32}$

$P(\bar{A} \cup \bar{B}) = P(\overline{A \cap B}) = 1 - P(A \cap B) = \frac{31}{32}$

$P(\overline{A \cup B}) = 1 - P(A \cup B) = \frac{21}{32}$

$P(\overline{A \cap B}) = \frac{31}{32}$

b) $A \cap (\bar{A} \cup \bar{B}) \neq \varnothing$ (enthält drei Damen!) : nicht unvereinbar

$A \cap (\overline{A \cup B}) = \varnothing$: unvereinbar

$A \cap (\overline{A \cap B}) = A \cap (\bar{A} \cup \bar{B}) \neq \varnothing$: nicht unvereinbar

c) Für die 1. Karte stehen 3 Damen und 31 Karten zur Verfügung:
$P_c = \frac{3}{31}$

d) Es bleiben noch 7 Karten mit der Farbe Herz aus 31 Karten: $P_d = \frac{7}{31}$

e) Die Farbe der 1. Karte spielt keine Rolle und beim 2. Zug ist jede Farbe gleichwahrscheinlich.

$$P_e = \frac{1}{4}$$

14. a) (1) $\Omega = \{EEE, ..., KKK\}, |\Omega| = 27$

$A = \{EZK, EKZ, KZE, KEZ, ZEK, ZKE\}$

$$P(A) = 6 \cdot \frac{8 \cdot 8 \cdot 4}{20 \cdot 19 \cdot 18} = 22{,}46\ \%$$

$B = \{KKE, KKZ, KEK, KZK, EKK, ZKK, KKK\}$

$$P(B) = 6 \cdot \frac{4 \cdot 3 \cdot 8}{20 \cdot 19 \cdot 18} + \frac{4 \cdot 3 \cdot 2}{20 \cdot 19 \cdot 18} = 8{,}77\ \%$$

(2) $\overline{B}$: "Höchstens ein Bonbon hat Kirschgeschmack"

$$P(\overline{B}) = 1 - P(B) = 100\ \% - 8{,}77\ \% = 91{,}23\ \%$$

b) $P(C) = \frac{8}{20} \cdot \frac{8}{20} \cdot \frac{6}{20} \cdot \frac{6}{20} \cdot \frac{7}{20} = 0{,}50\ \%$

15. Mit den Rechenregeln für Wahrscheinlichkeiten erhält man:

a) $P(\overline{B}) = 0{,}7$

b) $P(B \cup C) = P(B) + P(C) - P(B \cap C) = 0{,}3 + 0{,}15 - 0{,}05 = 0{,}4$

c) $P(A \cup B \cup C) = P(A) + P(B) + P(C) - P(A \cap B) - P(A \cap C) - P(B \cap C) + P(A \cap B \cap C) = 0{,}4 + 0{,}3 + 0{,}15 - 0{,}08 - 0{,}02 - 0{,}05 + 0{,}01 = 0{,}71$

d) Mit dem Ergebnis aus c) gilt:

$P(\overline{A \cup B \cup C}) = 1 - P(A \cup B \cup C) = 1 - 0{,}71 = 0{,}29$

16. Man zeichnet ein Baumdiagramm und wendet die beiden Pfadregeln an.

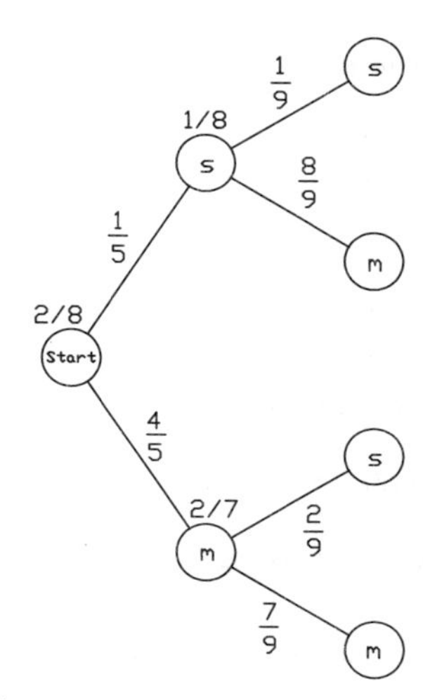

a) $A = \{ss\} \Rightarrow P(A) = \frac{1}{5} \cdot \frac{1}{9} = \frac{1}{45} = 2{,}22\ \%$

$B = \{ss, ms, sm\} \Rightarrow P(B) = \frac{1}{5} \cdot \frac{1}{9} + \frac{1}{5} \cdot \frac{8}{9} + \frac{4}{5} \cdot \frac{2}{9} = \frac{17}{45} = 37{,}78\ \%$

b) $\bar{A} \cap \bar{B} = \{mm\}$: "Beide Krapfen sind mit Marmelade gefüllt"

$P(\bar{A} \cap \bar{B}) = \frac{4}{5} \cdot \frac{7}{9} = \frac{28}{45} = 62{,}22\ \%$

c) (1)

Start —$\frac{8}{10}$— m —$\frac{2}{9}$— s —$\frac{7}{8}$— m —$\frac{6}{7}$— m —$\frac{1}{6}$— s

$P(\{msmms\}) = \frac{8}{10} \cdot \frac{2}{9} \cdot \frac{7}{8} \cdot \frac{6}{7} \cdot \frac{1}{6} = \frac{1}{45} = 2{,}22\ \%$

(2) Der eine mit Senf gefüllte Krapfen kann an fünf verschiedenen Stellen auftreten; die Wahrscheinlichkeiten sind alle gleich.

$P(\text{nur einmal s}) = 5 \cdot \frac{2}{10} \cdot \frac{8}{9} \cdot \frac{7}{8} \cdot \frac{6}{7} \cdot \frac{5}{6} = \frac{5}{9} = 55{,}56\ \%$

17. Der schraffierte Sektor tritt mit der Wahrscheinlichkeit $p = \frac{\alpha}{360°}$ auf, der nicht schraffierte mit $1 - p = 1 - \frac{\alpha}{360°} = \frac{360° - \alpha}{360°}$

$$\left(\frac{\alpha}{360°}\right)^2 + \left(\frac{360° - \alpha}{360°}\right)^2 = \frac{5}{8}$$

$$\alpha^2 + 129.600 - 720\,\alpha + \alpha^2 = 81.000$$
$$2\,\alpha^2 - 720\,\alpha + 48.600 = 0$$
$$\alpha^2 - 360\,\alpha + 24.300 = 0$$
$$\alpha_{1/2} = \frac{1}{2}\left(360 \pm \sqrt{129.600 - 97.200}\right) = \frac{1}{2}(360 \pm 180) \Rightarrow \left.\begin{matrix}\alpha_1 = 90° \\ \alpha_2 = 270°\end{matrix}\right\}$$

komplementäre Lösungen

18. Mit den Rechenregeln für Wahrscheinlichkeiten erhält man:

$P(\{1, 2, 4, 6\}) = P(\{1, 2\}) + P(\{4\}) + P(\{6\})$

$\Rightarrow P(\{6\}) = \frac{3}{4} - \frac{1}{3} - \frac{1}{3} = \frac{1}{12}$

$P(\{5, 6\}) = P(\{5\}) + P(\{6\}) \Rightarrow P(\{5\}) = \frac{1}{4} - \frac{1}{12} = \frac{1}{6}$

$P(\{2, 4, 6\}) = P(\{2\}) + P(\{4\}) + P(\{6\}) \Rightarrow P(\{2\}) = \frac{1}{2} - \frac{1}{3} - \frac{1}{12} = \frac{1}{12}$

$P(\{1, 2\}) = P(\{1\}) + P(\{2\}) \Rightarrow P(\{1\}) = \frac{1}{3} - \frac{1}{12} = \frac{1}{4}$

$P(\{1, 3, 6)\} = P(\{1\}) + P(\{3\}) + P(\{6\}) \Rightarrow P(\{3\}) = \frac{5}{12} - \frac{1}{4} - \frac{1}{12} = \frac{1}{12}$

19. g: gerade Endziffer u: ungerade Endziffer

a)

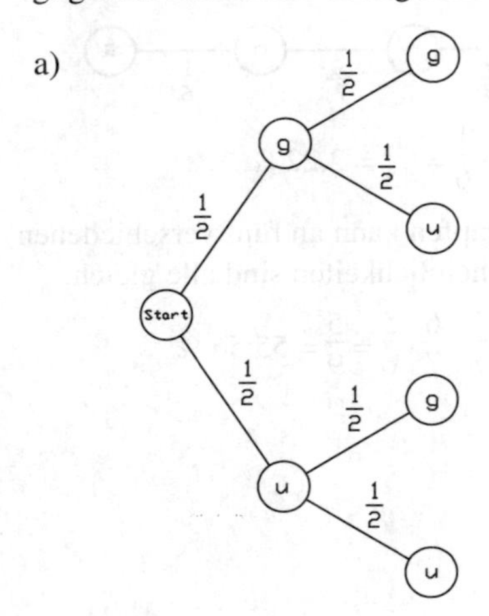

Man zeichnet ein Baumdiagramm und erhält mit Hilfe der Pfadregeln:

$P(\{gu, ug\}) = \frac{1}{4} + \frac{1}{4} = \frac{1}{2} = 50\,\%$

b) $P_b = 1 - P\,(3xg) - P\,(3xu) = 1 - \left(\frac{1}{2}\right)^3 - \left(\frac{1}{2}\right)^3 = 1 - \frac{1}{8} - \frac{1}{8} = \frac{3}{4} = 75\ \%$

Die Wahrscheinlichkeit erhöht sich von 50 % auf 75 %.

20.

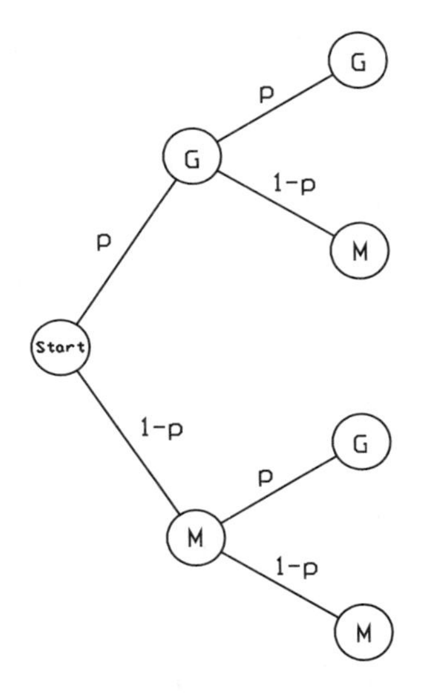

G: Gelingen
M: Mißlingen
Aus dem Baumdiagramm erhält man:
P (mindestens ein Mißlingen) =
$= p\,(1 - p) + p\,(1 - p) + (1 - p)^2 =$
$= p - p^2 + p - p^2 + 1 - 2\,p + p^2 =$
$= 1 - p^2 = 0{,}4375 \Rightarrow p^2 = 0{,}5625 \Rightarrow$
$p = 0{,}75$
oder
P (mindestens ein Mißlingen) =
$= 1 - P$ (kein Mißlingen) $= 1 - p^2$

21. a) Z sei die Anzahl der richtig weitergegebenen Informationen
$P\,(Z = 3) = 0{,}95^3 = 0{,}85738 = 85{,}74\ \%$

b)

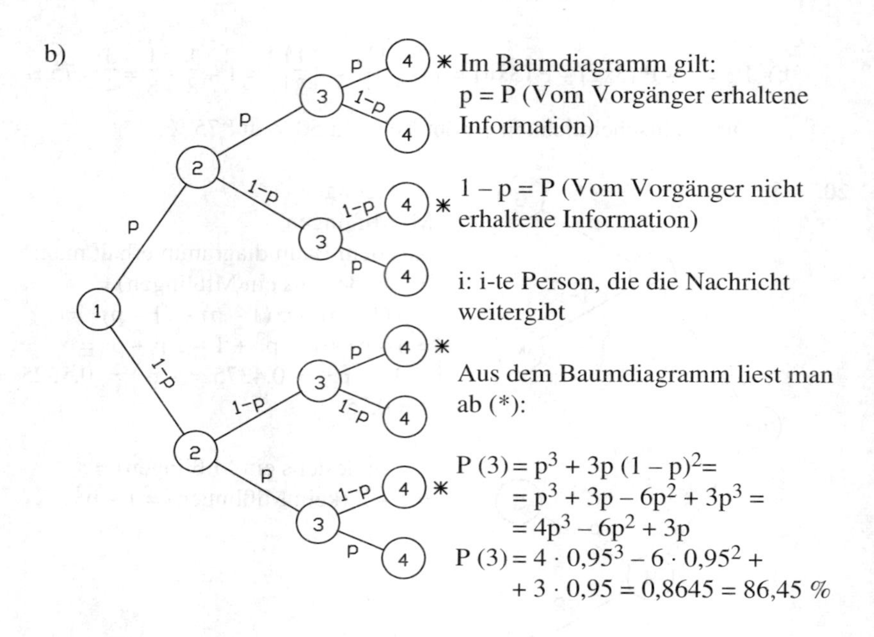

* Im Baumdiagramm gilt:
p = P (Vom Vorgänger erhaltene Information)

1 – p = P (Vom Vorgänger nicht erhaltene Information)

i: i-te Person, die die Nachricht weitergibt

Aus dem Baumdiagramm liest man ab (*):

$$P(3) = p^3 + 3p(1-p)^2 = p^3 + 3p - 6p^2 + 3p^3 = 4p^3 - 6p^2 + 3p$$

$$P(3) = 4 \cdot 0{,}95^3 - 6 \cdot 0{,}95^2 + 3 \cdot 0{,}95 = 0{,}8645 = 86{,}45\ \%$$

3. Kombinatorik, Laplace-Wahrscheinlichkeiten

22. Am runden Tisch gibt es für n Personen (n – 1)! Möglichkeiten. Damit erhält man:

a) (1) $(9-1)! = 8! = 40.320$ Möglichkeiten.

(2) $4! \cdot 5! = 2.880$ Möglichkeiten, weil die Damen auf 4! Arten und die Herren auf 5! Arten angeordnet werden können.

(3) $\frac{8!}{4! \cdot 5!} = 14$ Möglichkeiten, weil von den 8! Möglichkeiten 4! Möglichkeiten der Anordnung der Damen bzw. 5! Möglichkeiten der Anordnung der Herren gleich sind.

b) P (bunte Reihe) = $\frac{4! \cdot 3!}{7!} = 0{,}02857 = 2{,}86\ \%$, weil die Wahrscheinlichkeit für eine bunte Reihe aus n Damen und n Herren bei geschlossener Sitzweise P (bunte Reihe) = $\frac{n!\,(n-1)!}{(2n-1)!}$ gilt (siehe Aufgabe 33).

23. Es gibt $3 \cdot \frac{4!}{2! \cdot 1! \cdot 1!} = 36$ Ziffernkombinationen (Permutation mit Wiederholung).

24. a) $\frac{6!}{2! \cdot 2! \cdot 1! \cdot 1!} = 180$ Möglichkeiten, weil von den 6! Möglichkeiten die 2! Möglichkeiten für Sport und Deutsch gleich sind.

b) $\frac{5!}{2! \cdot 1! \cdot 1!} = 60$ Möglichkeiten, weil die beiden Sportstunden einen Block bilden.

c) $\frac{4!}{2! \cdot 1! \cdot 1!} = 12$ Möglichkeiten, weil die beiden Sportstunden fest liegen.

d) $\frac{4!}{1! \cdot 1!} = 24$ Möglichkeiten, weil Sport und Deutsch jeweils einen Block bilden.

25. a) Es gibt 5^5 Möglichkeiten, die 5 Personen auf 5 Matten zu verteilen. Wenn nur eine Person auf jeder Matte liegen soll, gilt:

$$P_a = \frac{5 \cdot 4 \cdot 3 \cdot 2 \cdot 1}{5^5} = 0{,}0384 = 3{,}84\ \%$$

b) Es gibt $\binom{2}{1}$ Möglichkeiten ein Mädchen, $\binom{3}{1}$ Möglichkeiten einen Jungen auszuwählen. Für diese stehen 5 Matten zur Verfügung, für das 2. Mädchen 4., usw.

$$P_b = \frac{\binom{2}{1} \cdot \binom{3}{1} \cdot 5 \cdot 4 \cdot 3 \cdot 2}{5^5} = 0{,}2304 = 23{,}04\ \%$$

26. Es handelt sich um eine Kombination mit Wiederholung:

Es gibt $\binom{10+3-1}{3-1} = \binom{12}{2} = 66$ Möglichkeiten $= \binom{3+10-1}{10} = \binom{12}{10}$.

27. a) Es gibt $\binom{12}{9} \cdot \binom{10}{5} \cdot \binom{6}{2} = 831.600$ Möglichkeiten.

b) Es gibt $\binom{10}{7} \cdot \binom{8}{3} \cdot \binom{4}{0} = 6.720$ Möglichkeiten, da jeweils zwei Kandidaten und zwei Plätze festliegen.

28. Es gibt $\binom{4}{1} \cdot \binom{5}{2} + \binom{4}{2} \cdot \binom{5}{1} = 4 \cdot 10 + 6 \cdot 5 = 40 + 30 = 70$ Möglichkeiten.

29. $P(E) = \dfrac{\binom{2}{1} \cdot \binom{6}{3}}{\binom{8}{4}} = 0{,}57143 = 57{,}14\ \%$, da vier aus den acht Mannschaften ausgewählt werden und unter dieser eine aus den zwei Mannschaften der 1. und drei aus den sechs Mannschaften der 2. Bundesliga stammen müssen.

30. Es gibt $\binom{50}{3} = 19.600$ Möglichkeiten.

31. Es gibt $3^{11} = 177.147$ Möglichkeiten.
b) Es gibt $2^{11} = 2.048$ Möglichkeiten.

32. Z sei die Anzahl der Gewinnlose

a) $P(Z = 1) = \dfrac{\binom{2}{1} \cdot \binom{8}{4}}{\binom{10}{5}} = \dfrac{5}{9} = 55{,}56\ \%$

b) $P(Z = 2) = \dfrac{\binom{2}{2} \cdot \binom{8}{3}}{\binom{10}{5}} = \dfrac{2}{9} = 22{,}22\ \%$

c) $P(Z \leq 1) = \dfrac{\binom{2}{0} \cdot \binom{8}{5} + \binom{2}{1} \cdot \binom{8}{4}}{\binom{10}{5}} = \dfrac{7}{9} = 77{,}78\ \% = 1 - P(Z = 2)$

33. a) $P(A) = \frac{n! \cdot (n-1)!}{(2n-1)!}$ (siehe auch Aufgabe 22)

b) $P(B) = \frac{2 \cdot n! \cdot n!}{(2n)!}$, da mit Jungen oder mit Mädchen begonnen werden kann.

34. $P = \frac{4}{\binom{8}{2}} = \frac{1}{7} = 14{,}29\ \%$, da für die zwei aus acht ausgewählten Personen vier Ehepaare günstig sind.

35. H und C sind auf zwei verschiedene Arten vertauschbar. Faßt man H und C als eine "Person" auf

$\Rightarrow$ es gibt $2 \cdot 7!$ verschiedene Sitzordnungen mit H neben C.

Davon sind die Anordnungen zu subtrahieren, bei denen sowohl H und C als auch E und K unmittelbar beieinander sitzen. H und C bzw. E und K sind auf je zwei Arten vertauschbar. Faßt man H und C bzw. E und K jeweils als eine "Person" auf.

$\Rightarrow$ es gibt $4 \cdot 6!$ verschiedene solche Sitzordnungen.

$$P(\text{langer Tisch}) = \frac{2 \cdot 7! - 4 \cdot 6!}{8!} = \frac{5}{28} = 17{,}86\ \%$$

b) Am runden Tisch gibt es für n Personen nur $(n-1)!$ verschiedene Anordnungen. Mit den Überlegungen zu a) folgt:

$$P(\text{runder Tisch}) = \frac{2 \cdot 6! - 4 \cdot 5!}{7!} = \frac{4}{21} = 19{,}05\ \%$$

36. Es gibt insgesamt 12! mögliche Anordnungen beim Einordnen in die Kartons.

a) Nur eine Anordnung ist richtig.

$$P(E_1) = \frac{1}{12!} = 2{,}09 \cdot 10^{-9}$$

b) Für die drei Glocken gibt es 3! Möglichkeiten, für die restlichen neun Glaskugeln 9! Möglichkeiten der Anordnung. Die drei Glocken können auf 10 verschiedenen Arten hintereinander liegen.

$$P(E_2) = \frac{10 \cdot 9! \cdot 3!}{12!} = 0{,}04545 = 4{,}55\ \%$$

c) Wenn die Glocken der Größe nach ordnet, so gibt es im Vergleich zu b) nur eine Möglichkeit der Anordnung.

Beachte:
Falls man unter "der Größe nach" eine Ordnung von der kleinsten zu größten und umgekehrt versteht, dann gibt es doppelt so viele Anordnungen!

$$P(E_3) = \frac{10 \cdot 9!}{12!} = 0{,}00758 = 0{,}76\ \%\ (\text{bzw. } 1{,}52\ \%)$$

d) $$P(E_4) = \frac{2 \cdot 4 \cdot 9! \cdot 3!}{12!} = 0{,}03636 = 3{,}64\ \%$$

e) $$P(E_5) = \frac{2 \cdot 4 \cdot 9!}{12!} = 0{,}00606 = 0{,}61\ \%$$

f) Die drei Glocken können auf 12 Plätze verteilt werden. Für die neuen Kugeln gibt es 9! Möglichkeiten der Anordnung.

$$P(E_6) = \frac{\binom{12}{3} \cdot 9!}{12!} = 0{,}16667 = 16{,}67\ \%$$

g) $$P(E_7) = \frac{2 \cdot \binom{6}{3} \cdot 9!}{12!} = 0{,}0303 = 3{,}03\ \%$$

h) $$P(E_8) = 1 - P(E_2) = 1 - 0{,}04545 = 0{,}95455 = 95{,}46\ \%$$

i) $$P(E_9) = \frac{6! \cdot 6!}{12!} = 0{,}00108 = 0{,}11\ \%$$

k) Die drei Glocken können auf acht verschiedenen Arten hintereinander liegen. Mit b) gilt:

$$P(E_{10}) = \frac{8 \cdot 3! \cdot 9!}{12!}\ 0{,}03636 = 3{,}64\ \%$$

37. Für jede der 7 Personen kommt jeder Wochentag in Frage

$\Rightarrow |\Omega| = 7^7$

Die 7 Personen lassen sich auf 7! Arten anordnen.

$\Rightarrow |A| = 7!$

$$\Rightarrow P(A) = \frac{7!}{7^7} = 0{,}00612 = 0{,}61\ \%$$

Mit einer Wahrscheinlichkeit von 0,61 % haben alle 7 Personen an verschiedenen Wochentagen Geburtstag.

38. Eine beliebige Person hat mit einer Wahrscheinlichkeit von $\frac{364}{365}$ nicht am gleichen Tag Geburtstag.

$$\Rightarrow P(A) = 1 - P(\bar{A}) = 1 - \left(\frac{364}{365}\right)^k > 0{,}5$$

Hinweis:
Es lohnt sich auf das Ereignis E zu wetten, wenn P (E) > 0,5 gilt.

$$\Rightarrow k > \frac{\ln 0{,}5}{\ln \frac{364}{365}} = 252{,}65$$

$\Rightarrow$ Wenn noch weitere 253 Personen anwesend sind, lohnt es sich, auf das obige Ereignis zu wetten.

39. Nach Aufgabe 38. muß gelten: $\binom{k}{2} \geq 253$

Die Tabelle der Binomialkoeffizienten bzw. der Taschenrechner zeigen, daß dies für k = 23 der Fall ist, weil $\binom{23}{2} = 253$ ist.

Wenn mindestens 23 Personen in einem Zimmer sind, lohnt es sich darauf zu wetten, daß mindestens zwei Personen am gleichen Tag Geburtstag haben.

4. Bedingte Wahrscheinlichkeit, Unabhängigkeit, Bernoulli-Kette und Wartezeitprobleme

40. Mit der Bezeichnung E_i: "Das i-te Kühlsystem fällt aus" (i = 1, 2, 3) erhält man:

a) $P(E_1 \cap E_2 \cap E_3) = 0{,}1^3 = 0{,}001 = 0{,}1\ \%$

b) $P(E_1 \cap E_2 \cap E_3) = P(E_1) \cdot P_{E_1}(E_2) \cdot P_{E_1 \cap E_2}(E_3) =$
$= 0{,}1 \cdot 0{,}3 \cdot 0{,}7 = 0{,}021 = 2{,}1\ \%$

41. Mit den Bezeichnungen E: "Schwarzfahrer wird entdeckt"

E_1: "Schwarzfahrer ist Schüler"

E_2: "Schwarzfahrer ist berufstätig" gilt:

$P(E_1) = 0{,}4$, $P(E_2) = 0{,}6$, $P_{E_1}(E) = 0{,}4 + 0{,}6 \cdot 0{,}5 = 0{,}7$ und

$P_{E_2}(E) = 0{,}6 + 0{,}4 \cdot 0{,}5 = 0{,}8$

a) $P(E) = P_{E_1}(E) \cdot P(E_1) + P_{E_2}(E) \cdot P(E_2) = 0{,}7 \cdot 0{,}4 + 0{,}8 \cdot 0{,}6 =$
$= 0{,}76\ \% = 76\ \%$

b) $P_E(E_2) = \dfrac{P_{E_2}(E) \cdot P(E_2)}{P(E)} = \dfrac{0{,}48}{0{,}76} = 0{,}63158 = 63{,}16\ \%$

42. Mit den Bezeichnungen E: "Das ausgewählte Geldstück hat zwei Wappen" und C:" Es erscheint dreimal Wappen" erhält man aus dem Baumdiagramm mit Hilfe der Pfadregeln.

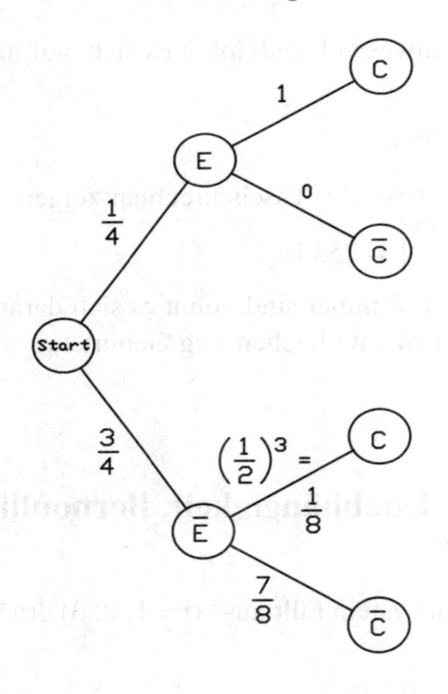

a) $P(C) = \frac{1}{4} \cdot 1 + \frac{3}{4} \cdot \frac{1}{8} = \frac{11}{32}$

b) $P_C(E) = \dfrac{P(E \cap C)}{P(C)} = \dfrac{\frac{1}{4} \cdot 1}{\frac{11}{32}} =$

$\frac{8}{11} = 0{,}72727 = 72{,}73\ \%$

43. Z sei die Anzahl der gelungenen Versuche.

a) $P(Z = 7) = \binom{10}{7} 0{,}75^7 \cdot 0{,}25^3 = 0{,}25028 = 25{,}03\ \%$

b) Aus P (mindestens ein ...) = 1 – P (kein ...) erhält man

$1 - 0{,}75^n > 0{,}99 \Rightarrow 0{,}75^n < 0{,}01 \Rightarrow n \cdot \ln 0{,}75 < \ln 0{,}01 \Rightarrow n > \dfrac{\ln 0{,}01}{\ln 0{,}75} =$

$16{,}01 \Rightarrow n \geq 17 \Rightarrow$ mindestens 17 Ausführungen

c) $1 - p'^{100} = 0{,}99 \Rightarrow p' = 0{,}01^{0{,}01} = 0{,}95499 \approx 95{,}50\ \%$

44.

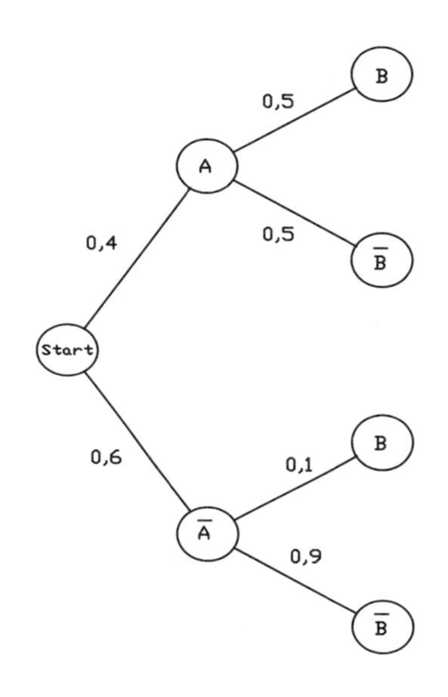

Aus dem Baumdiagramm erhält man:

$P(A) = 0{,}4$

$P(B) = 0{,}4 \cdot 0{,}5 + 0{,}6 \cdot 0{,}1 = 0{,}20 + 0{,}06 = 0{,}26$

$P(A \cap B) = 0{,}4 \cdot 0{,}5 = 0{,}20$

$P(A) \cdot P(B) = 0{,}104 \neq P(A \cap B)$

$\Rightarrow$ A, B sind stochastisch abhängig.

45. a) $P(A) = 0{,}8^3 \cdot 0{,}2 = 0{,}1024 = 10{,}24\%$

b) $P(B) = 0{,}8^4 = 0{,}4096 = 40{,}96\ \%$, weil er sicher viermal nicht ausfällt.

c) $P(C) = \binom{4}{1} \cdot 0{,}2^3 \cdot 0{,}8^5 = 0{,}01040 = 1{,}05\ \%$, weil zwei der drei Ausfälle und vier der achte Tage festgelegt sind, kann man nur noch einen Ausfall auf vier Tage verteilen.

46.

	M	$\overline{M}$	
S	<u>0,12</u>	0,18	<u>0,30</u>
$\overline{S}$	0,28	<u>0,42</u>	0,70
	0,40	0,60	

$P(M \cap S) = 0{,}12 = 40\ \%$ von $30\ \%$

$P(M) \cdot P(S) = 0{,}4 \cdot 0{,}3 = 0{,}12$

$\Rightarrow$ A und S sind stochastisch unabhängig.

Die gegebenen Werte sind in der Vierfeldertafel unterstrichen.

47. a) (1) $p_{rot} = \frac{1}{5} = 0{,}2 = 20\ \%$

(2) $p_{3xrot} = 0{,}2^3 = 0{,}008 = 0{,}8\ \%$

$p_{3xgl.\ Farbe} = 5 \cdot 0{,}2^3 = 0{,}04 = 4\ \%$

b) $5 \cdot (0{,}2)^n < 0{,}001 \Rightarrow n \cdot \ln 0{,}2 < \ln 0{,}0002 \Rightarrow n > 5{,}29$

$\Rightarrow$ mindestens sechsmal

48. a) (1) $P_{(1)} = \left(\frac{5}{6}\right)^3 \cdot \frac{1}{6} = 0{,}09645 = 9{,}65\ \%$, weil der ersten Sechs, drei Nichtsechser vorangehen.

(2) $P_{(2)} = 8 \cdot \left(\frac{5}{6}\right)^7 \cdot \frac{1}{6} = 0{,}3721 = 37{,}2\ \%$, weil die eine Sechs auf acht Plätze verteilt werden kann.

b) $\left(\frac{5}{6}\right)^{k-1} \cdot \frac{1}{6} = 0{,}00522 \Rightarrow \left(\frac{5}{6}\right)^{k-1} = 0{,}03132 \Rightarrow (k-1)\ln\frac{5}{6} = \ln 0{,}03132 \Rightarrow k - 1 = 19 \Rightarrow k = 20$

Bei dieser Wahrscheinlichkeit darf man erst beim 20. Wurf beginnen.

49. a) In einer Serie darf man beginnen, wenn nicht alle drei Würfe keine 6 sind $\Rightarrow$ Erfolgswahrscheinlichkeiten $p' = 1 - \left(\frac{5}{6}\right)^3 = 1 - \frac{125}{216} = \frac{91}{216}$

X sei die Nummer der Serie, in der man beginnt.

$P(X = 4) = p'(1 - p')^3 = \frac{91}{216} \cdot \left(\frac{125}{216}\right)^3 = 0{,}08165 = 8{,}17\ \%$

b) Z sei die Anzahl der Serien, in denen man beginnen darf.

$P(Z = 0) = \binom{4}{0} p'^{o} \cdot (1 - p')^4 = \left(\frac{125}{216}\right)^4 = 0{,}11216 = 11{,}22\ \%$

c) $P(E) = 1 - P(Z = 0) = 0{,}88784 = 88{,}78\ \%$

d) Aus P (mindestens ein ...) = 1 – P (kein ...) folgt

$1 - \left(\frac{125}{216}\right)^n > 0{,}99 \Rightarrow \left(\frac{125}{216}\right)^n < 0{,}01 \Rightarrow n \cdot \ln\left(\frac{125}{216}\right) < \ln 0{,}01 \Rightarrow$

$n > \frac{\ln 0{,}01}{\ln\left(\frac{125}{216}\right)} = 8{,}42 \Rightarrow n \geq 9 \Rightarrow$ mindestens neun Serien müssen geworfen werden.

50. a) Es handelt sich um ein "Ziehen mit Zurücklegen".

Den richtigen Schlüssel findet er mit der Wahrscheinlichkeit $p = \frac{1}{5}$, d. h.

er hat zwei Fehlversuche jeweils mit der Wahrscheinlichkeit

$1 - p = \frac{4}{5}$.

Wenn Z die Anzahl der Versuche angibt, gilt:

$$P\,(Z = 3) = \left(\frac{4}{5}\right)^2 \cdot \frac{1}{5} = 0{,}128$$

Mit einer Wahrscheinlichkeit von 12,8 % findet er genau beim 3. Versuch den richtigen Schlüssel.

b) Es handelt sich um ein "Ziehen ohne Zurücklegen" mit vier "falschen" und einem "richtigen" Schlüssel.

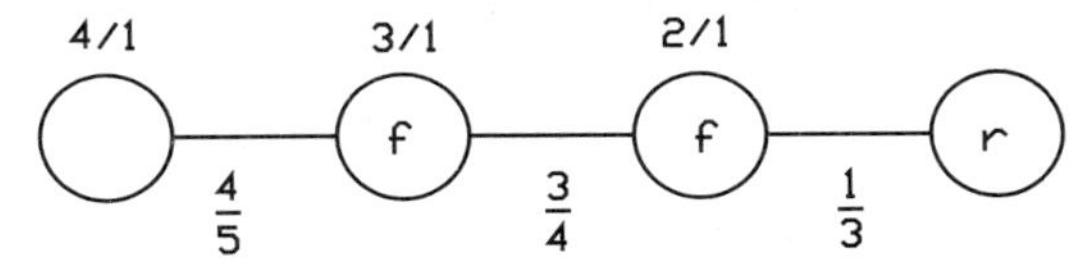

$$P\,(Z = 3) = \frac{4}{5} \cdot \frac{3}{4} \cdot \frac{1}{3} = \frac{1}{5} = 0{,}2$$

Mit einer Wahrscheinlichkeit von 20 % findet er genau beim 3. Versuch den richtigen Schlüssel.

51. Für das Ereignis E gilt: Es treten zwar vier Erfolge bei zehn Versuchen auf, aber der erste und der vierte liegen bereits fest. Die restlichen beiden Erfolge können auf acht Plätze verteilt werden.

$$P\,(E) = \binom{8}{2} \cdot \left(\frac{1}{4}\right)^4 \cdot \left(\frac{3}{4}\right)^6 = 0{,}01947$$

Das Ereignis E tritt mit einer Wahrscheinlichkeit von 1,95 % auf:

52. Für das Ereignis A gilt: Unter den ersten sieben Würfen darf höchstens einmal Wappen auftreten.

$$P\,(A) = \binom{7}{0} \cdot \left(\frac{1}{2}\right)^0 \cdot \left(\frac{1}{2}\right)^7 + \binom{7}{1} \cdot \left(\frac{1}{2}\right)^1 \cdot \left(\frac{1}{2}\right)^6 = 0{,}0625$$

Mit einer Wahrscheinlichkeit von 6,25 % hat man frühestens beim achten Wurf das zweite Mal Wappen.

53. a) (1) $P(E_1) = 0{,}8^3 \cdot 0{,}2 = 0{,}1024 = 10{,}24\ \%$, weil sie in der 4. Stunde ausfällt.

(2) $P(E_2) = 0{,}8^3 = 0{,}512 = 51{,}2\ \%$

(3) $P(E_3) = 0{,}8^4 = 0{,}4096 = 40{,}96\ \%$, weil sie sicher vier Stunden nicht ausfällt.

(4) $P(E_4) = 0{,}2^3 \cdot 0{,}8 = 0{,}0064 = 0{,}64\ \%$, weil sie in der 4. Stunde nicht ausfällt.

(5) $P(E_5) = 0{,}8^2 \cdot 0{,}2 = 0{,}128 = 12{,}8\ \%$

(6) $P(E_6) = \binom{5}{2}\ 0{,}8^3 \cdot 0{,}2^3 = 0{,}04096 = 4{,}10\ \%$, weil ein Ausfall und eine Stunde festliegen.

b) Die Maschine muß nach sechs Einheiten frühestens dann eingestellt werden, wenn in den ersten fünf Einheiten höchstens zwei Teile defekt sind. X gebe die Anzahl der defekten Teile an. Dann gilt:

$$P(X \leq 2) = \sum_{i=0}^{2} \binom{5}{i}\ 0{,}05^i \cdot 0{,}95^{5-i} = 0{,}99884 = 99{,}88\ \%$$

5. Zufallsgrößen und ihre Verteilungen

54. Die Zufallsgröße X gebe den Gewinn an.

x	–200	1
P (X = x)	p	1 – p

mit $p = \frac{7!}{7^7} = 0{,}00612$, d.h. der Wahrscheinlichkeit dafür, daß jede der sieben Personen an einem anderen Wochentag Geburtstag hat.

$$E(X) = -200 \cdot 0{,}00612 + 1 \cdot (1 - 0{,}00612) = -1{,}224 + 0{,}99388 =$$
$$= -0{,}23012 < 0$$

Da $E(X) < 0$, ist die Wette für Gustav ungünstig.

55. a) (1) $P(X=0) = \dfrac{\binom{2}{0} \cdot \binom{3}{2}}{\binom{5}{2}} = 0{,}3$

$$P(X=1) = \frac{\binom{2}{1} \cdot \binom{3}{1}}{\binom{5}{2}} = 0{,}6$$

$$P(X=2) = \frac{\binom{2}{2} \cdot \binom{3}{0}}{\binom{5}{2}} = 0{,}1$$

$$F(x) = \begin{cases} 0 \text{ für } x < 0 \\ 0{,}3 \text{ für } 0 \le x < 1 \\ 0{,}9 \text{ für } 1 \le x < 2 \\ 1 \text{ für } x \ge 2 \end{cases}$$

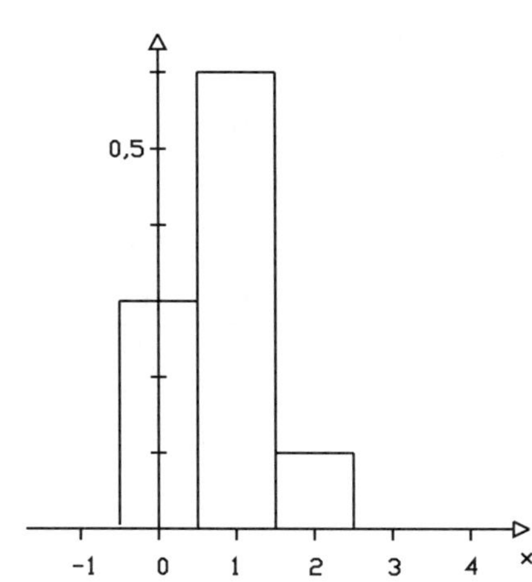

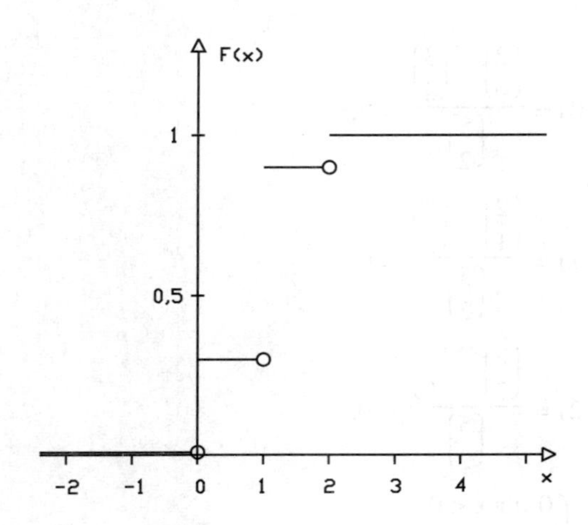

(3) $E(X) = \sum_i x_i \cdot P(X = x_i) = 0 \cdot 0{,}3 + 1 \cdot 0{,}6 + 2 \cdot 0{,}1 = 0{,}8$

$Var(X) = E(X^2) - [E(X)]^2 = 1^2 \cdot 0{,}6 + 2^2 \cdot 0{,}1 - 0{,}8^2 = 0{,}36$

b) Man zeichnet ein Baumdiagramm und liest ab:

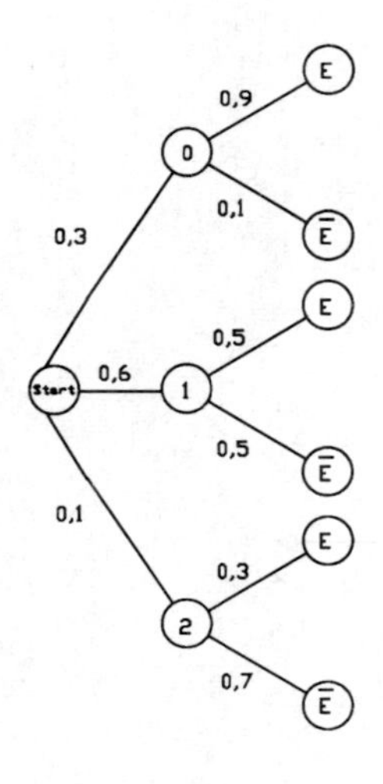

(1) $P(E) = 0{,}9 \cdot 0{,}3 + 0{,}5 \cdot 0{,}6 + 0{,}3 \cdot 0{,}1 = 0{,}6$

(2) $P_E(X = 0) = \dfrac{P_{X=0}(E) \cdot P(X = 0)}{P(E)} = \dfrac{0{,}9 \cdot 0{,}3}{0{,}6} = 0{,}45 = 45\ \%$

56. a) Die Zufallsgröße X kann die Werte 2, 3, 4 oder 5 annehmen. Aus der anschaulichen Darstellung der möglichen Anordnungen (• mit Senf gefüllt, ○ nicht mit Senf gefüllt) folgt:

• • $\quad P(X = 2) = 0{,}4 \cdot 0{,}4 = 0{,}16$

• ○ • ○ • • $\quad P(X = 3) = 2 \cdot 0{,}4^2 \cdot 0{,}6 = 0{,}192$

• ○ ○ • | ○ • ○ • | ○ ○ • • $\quad P(X = 4) = 3 \cdot 0{,}4^2 \cdot 0{,}6^2 = 0{,}1728$

$$P(X = 5) = 1 - \sum_{i=2}^{4} P(X = i) = 1 - 0{,}5428 = 0{,}4752$$

b) $$E(X) = \sum x_i \cdot P(X = x_i) =$$

$$= 2 \cdot 0{,}16 + 3 \cdot 0{,}192 + 4 \cdot 0{,}1728 + 5 \cdot 0{,}4752 = 3{,}9632$$

$$\text{Var}(X) = E(X^2) - [E(X)]^2 =$$

$$= 4 \cdot 0{,}16 + 9 \cdot 0{,}192 + 16 \cdot 0{,}1728 + 25 \cdot 0{,}4752 - 3{,}9632^2 =$$

$$= 1{,}3058$$

$$\sigma(X) = \sqrt{\text{Var}(X)} = 1{,}1427$$

c) Die Zufallsgröße Y sei die Anzahl der mit Senf gefüllten Krapfen.

$P(|Y - 20| \leq 5)$ muß abgeschätzt werden.

$\mu = n \cdot p = 50 \cdot 0{,}4 = 20$, $\sigma = \sqrt{n \cdot p \cdot (1 - p)} = \sqrt{12}$

Tschebyschow-Abschätzung:

$$P(|Y - \mu| < c) \geq 1 - \frac{\text{Var } Y}{c^2}$$

$$P(|Y - \mu| < 6) \geq 1 - \frac{12}{36} = \frac{2}{3}$$

Genauer Wert mit Hilfe der Binomialverteilung:

$$B_{0,4}^{50}(15 \leq Y \leq 25) = B_{0,4}^{50}(Y \leq 25) - B_{0,4}^{50}(Y \leq 14) =$$

$$= 0{,}94266 - 0{,}05396 = 0{,}88870$$

57. Wenn der Teig gut gemischt ist, gelangt jede Rosine mit der Wahrscheinlichkeit $\frac{1}{20} = 0{,}05$ in eines der Brötchen, d.h. mit einer Wahrscheinlichkeit von 95 % erhält irgend ein Brötchen keine Rosine.

$1 - 0{,}95^n \geq 0{,}99 \Rightarrow 0{,}95^n \leq 0{,}01 \Rightarrow n \ln 0{,}95 \leq \ln 0{,}01 \Rightarrow n \geq 89{,}78 \Rightarrow n \geq 90$

Man muß mindestens 90 Rosinen in 1 kg Teig mischen.

58. a) Die Zufallsgröße Z ist die Anzahl der gelungenen Versuchsausführungen:

$P(Z = 6) = 0{,}3^6 = 0{,}000729 = 0{,}07\ \%$

b) Die Zufallsgröße X ist die Anzahl der Sechserserien mit sechs gelungenen Versuchsausführungen:

$P(X \geq 1) = 1 - P(X = 0) > 0{,}9$

$1 - (1 - 0{,}000729)^n > 0{,}9 \Rightarrow 0{,}999271^n < 0{,}1 \Rightarrow n > \frac{\ln 0{,}1}{\ln 0{,}999271}$

$= 3157{,}4 \Rightarrow$ mindestens 3.158

c) $1 - P(X = 0) > 0{,}9$

$1 - \frac{1}{0!}\mu^\circ\, e^{-n \cdot 0{,}000729} > 0{,}9 \Rightarrow e^{-n \cdot 0{,}000729} < 0{,}1 \Rightarrow n > \frac{\ln 0{,}1}{0{,}000729} =$

3.158,55 $\Rightarrow$ mindestens 3.159, d. h. gute Näherung durch die Poisson-Verteilung.

59. a) Bei der Aufgabe 59. handelt es sich um eine stetig verteilte Zufallsgröße, die im Abitur nicht geprüft wird; deshalb soll diese Aufgabe interessierten Schülern vorbehalten bleiben.

$$F(x) = \begin{cases} 0 & \text{für } x < 0 \\ \frac{1}{4}x + \frac{1}{8}x^2 & \text{für } 0 \leq x \leq 2 \\ 1 & \text{für } x > 2 \end{cases}$$

$P(\frac{1}{2} < X \leq \frac{3}{2}) = F\left(\frac{3}{2}\right) - F\left(\frac{1}{2}\right) = \frac{21}{32} - \frac{5}{32} = \frac{16}{32} = \frac{1}{2} = 50\ \%$

b) $P(Y \le 9) = P(4 + 4X^2 \le 9) = P\left(X^2 \le \frac{5}{4}\right) =$

$= P\left(-\sqrt{\frac{5}{4}} \le X \le +\sqrt{\frac{5}{4}}\right) = P\left(0 \le X \le \sqrt{\frac{5}{4}}\right) =$

$= P(X \le 1{,}118) = F(1{,}118) = 0{,}43575 = 43{,}58\ \%$

c) $E(X) = \int_{-\infty}^{+\infty} x f(x)\, dx = \int_0^2 \left(\frac{1}{4}x + \frac{1}{4}x^2\right) dx = \left[\frac{1}{8}x^2 + \frac{1}{12}x^3\right]_0^2 =$

$= \frac{1}{2} + \frac{2}{3} = \frac{7}{6}$

$Var(X) = E(X^2) - [E(X)]^2 = \int_{-\infty}^{+\infty} x^2 \cdot f(x)\, dx - \left(\frac{7}{6}\right)^2 =$

$= \int_0^2 \left(\frac{1}{4}x^2 + \frac{1}{4}x^3\right) dx - \left(\frac{7}{6}\right)^2 = \left[\frac{1}{12}x^3 + \frac{1}{16}x^4\right]_0^2 - \left(\frac{7}{6}\right)^2 =$

$= \frac{2}{3} + 1 - \frac{49}{36} = \frac{11}{36}$

60. a) $P(\bar{S} \cap \bar{F}) = \frac{\binom{2}{0} \cdot \binom{23}{3}}{\binom{25}{3}} = 0{,}77 = 77\ \%$

b) $P(S \cap F) = \frac{\binom{2}{2} \cdot \binom{23}{1}}{\binom{25}{3}} = 0{,}01 = 1\ \%$

c) $P(F) = \frac{1}{2} \cdot \frac{\binom{2}{1} \cdot \binom{23}{2}}{\binom{25}{3}} = 0{,}11 = 11\ \%$ oder

$P(F) = \frac{\binom{1}{1} \cdot \binom{23}{2}}{\binom{25}{3}} = 11\ \%$

61. a) Die Zufallsgröße X ist poissonverteilt mit $\mu = 5$.

(1) $P_5 (X = 0) = 0{,}00674 = 0{,}67$

(2) $P_5 (X \geq 5) = 1 - P_5 (X \leq 4) = 1 - 0{,}44049 = 0{,}55951$

(3) $P_5 (1 < X \leq 3) = P_5 (X \leq 3) - P_5 (X \leq 1) = 0{,}26503 - 0{,}04043 = 0{,}2246 = 22{,}46\ \%$

b) (1) $\tilde{X}$ ist binomialverteilt mit $p = 0{,}55951 = P_5 (X \geq 5) \wedge n = 30$

c) $P (\tilde{X} > 10) = 1 - P(\tilde{X} \leq 10) = 1 - B^{30}_{0,55951} (\tilde{X} \leq 10)$

Mit $\mu = n \cdot p = 16{,}7853$ und $\sigma = \sqrt{n \cdot p \cdot (1 - p)} = 2{,}72$ gilt:

$$1 - B^{30}_{0,55951} (\tilde{X} \leq 10) \approx 1 - \Phi \left(\frac{10 - 16{,}7853 + 0{,}5}{2{,}72}\right) = 1 - 1 +$$

$\Phi (2{,}31) = 0{,}98956 = 98{,}96\ \%$

62. a)

x	1	2
P (X = x)	0,6	0,4

y	1	2	3
P (Y = y)	0,2	0,4	0,4

$E (X) = \sum x_i \cdot P (X = x_i) = 1{,}4$

$Var (X) = E (X^2) - [E (X)]^2 = 0{,}24$

$E (Y) = \sum y_k \cdot P (Y = y_{k)} = 2{,}2$

$Var (Y) = E (Y^2) - [E (Y)]^2 = 0{,}56$

b)

z_1	2	3	4	5
$P (Z_1 = z_1)$	0,1	0,4	0,3	0,2

$E (Z_1) = \sum z_i \cdot P (Z_1 = z_i) = 3{,}6 = E (X) + E (Y);$

$Var (Z_1) = E (Z_1{}^2) - [E (Z_1)]^2 = 0{,}84 \neq Var (X) + Var (Y).$

z_2	1	2	3	4	6
$P (Z_2 = z_2)$	0,1	0,4	0,2	0,1	0,2

$E (Z_2) = \sum z_i \cdot P (Z_2 = z_i) = 3{,}1 \neq E (X) \cdot E (Y)$

$Var (Z_2) = E (Z_2{}^2) - [E (Z_2)]^2 = 2{,}69 \neq Var (X) \cdot Var (Y)$

63. a)

x	0	1	2
P (X = x)	$\frac{25}{36}$	$\frac{10}{36}$	$\frac{1}{36}$

y	0	1	2
P (Y = y)	$\frac{1}{4}$	$\frac{1}{2}$	$\frac{1}{4}$

Mit den bekannten Rechenformeln erhält man:

$E(X) = \frac{1}{3}$ $E(Y) = 1$

$Var(X) = \frac{5}{18} = 0{,}278$ $Var(Y) = \frac{1}{2}$

b) Für die gemeinsame Verteilungsfunktion schreibt man:

$P(X = x \wedge Y = y)$ z. B. $P(X = 0 \wedge Y = 1) =$

$P(\{12, 32, 52, 21, 23, 25, 14, 34, 54, 41, 43, 45\}) = \frac{12}{36} = \frac{1}{3}$

x \ y	0	1	2	
0	$\frac{9}{36}$	$\frac{12}{36}$	$\frac{4}{36}$	$\frac{25}{36}$
1	0	$\frac{6}{36}$	$\frac{4}{36}$	$\frac{10}{36}$
2	0	0	$\frac{1}{36}$	$\frac{1}{36}$
	$\frac{1}{4}$	$\frac{1}{2}$	$\frac{1}{4}$	

Die Randwahrscheinlichkeiten stimmen mit den Wahrscheinlichkeiten der Einzelverteilungen überein.

c) X und Y sind stochastisch abhängig, weil $P(X = x \wedge Y = y) \neq P(X = x) \cdot P(Y = y)$ z.B. gilt $P(X = 0 \wedge Y = 1) = \frac{1}{3}$,

aber $P(X = 0) \cdot P(Y = 1) = \frac{25}{72}$

d) $Z_1 = 3 \cdot X \Rightarrow E(Z_1) = 3 \cdot E(X)$, $Var(Z_1) = 9 \cdot Var(X)$

$Z_2 = 2 \cdot Y + 7 \Rightarrow E(Z_2) = 2 \cdot E(Y) + 7$, $Var(Z_2) = 4 \cdot Var(Y)$

64. a) Mit den bekannten Rechenformeln erhält man:

$E(X) = 1{,}7$ $\quad Var(X) = 0{,}41$

$E(Y) = 0{,}4$ $\quad Var(Y) = 0{,}24$

Wegen der Unabhägigkeit von X und Y gilt für die gemeinsame Verteilungsfunktion: $P(X = x \wedge Y = y) = P(X = x) \cdot P(Y = y)$

x \ y	0	1	
1	0,24	0,16	0,4
2	0,30	0,20	0,5
3	0,06	0,04	0,1
	0,6	0,4	

b)

z	1	2	3	4
P (Z = z)	0,24	0,46	0,26	0,04

aus $P(Z = z) = \sum_{x+y=z} P(X = x \wedge Y = y)$

$E(Z) = E(X + Y) = E(X) + E(Y) = 2{,}1$

$Var(Z) = Var(X + Y) = Var(X) + Var(Y) = 0{,}65$

65. $P(X = k) = \left(\frac{3}{4}\right)^{k-1} \cdot \frac{1}{4}$ für k = 1, 2, 3, 4

$P(X = 5) = 1 - \sum_{k=1}^{4} P(X = k)$

k	1	2	3	4	5
P (X = k)	0,250	0,188	0,141	0,105	0,316

$E(X) = \sum_{k=1}^{5} k \cdot P(X = k) = 3.049$

$Var(X) = E(X^2) - [E(X)]^2 = 2{,}555$

$\sigma(X) = \sqrt{Var(X)} = 1{,}598$

66. a) Die Zufallsgröße X sei die Anzahl der Farbenblinden.

$P(X \leq 7) = B_{0,04}^{200}(X \leq 7) = 0{,}45010 = 45{,}01\%$

b) $1 - 0{,}96^n \geq 0{,}95 \Rightarrow 0{,}96^n \leq 0{,}05 \Rightarrow n \geq \frac{\ln 0{,}05}{\ln 0{,}96} = 73{,}39$

$\Rightarrow$ mindestens 74 Personen

67. a) Der r-te Erfolg tritt im k-ten Spiel ein:

$P_a = \binom{k-1}{r-1} p^r (1-p)^{k-r}$, weil ein Erfolg und ein Spiel festliegen.

b) Die letzten r Spiele müssen Gewinnspiele sein:

$P_b = p^r \cdot (1-p)^{k-r}$

68. a)

x_i	1	2	3	4
$P(X = x_i)$	$\frac{1}{4}$	$\frac{1}{4}$	$\frac{1}{4}$	$\frac{1}{4}$

$$E(X) = \sum_{i=1}^{4} x_i P(X = x_i) = \frac{1}{4}(1 + 2 + 3 + 4) = 2{,}5$$

$$Var(X) = E(X^2) - [E(X)]^2 = \frac{1}{4}(1 + 4 + 9 + 16) - 2{,}5^2 = 7{,}5 - 6{,}25 = 1{,}25$$

$$\sigma(X) = \sqrt{Var(X)} = 1{,}118$$

Y_k	− 4	− 1	2	5
$P(Y = y_k)$	$\frac{1}{4}$	$\frac{1}{4}$	$\frac{1}{4}$	$\frac{1}{4}$

Direkte Berechnung:

$$E(Y) = \sum_{k=1}^{4} y_k \cdot P(Y = y_k) = \frac{1}{4}(-4 - 1 + 2 + 5) = 0{,}5$$

$$Var(Y) = E(Y^2) - [E(Y)]^2 = \frac{1}{4}(16 + 1 + 4 + 25) - 0{,}5^2 =$$

$$= 11{,}5 - 0{,}25 = 11{,}25$$

$$\sigma(Y) = \sqrt{Var(Y)} = 3{,}354$$

Mit den hergeleiteten Formeln aus E (X) bzw. Var (X):

$$E(Y) = E(3X - 7) = 3 \cdot E(X) - 7 = 7{,}5 - 7 = 0{,}5$$

$$Var(Y) = Var(3X - 7) = 9 \cdot Var(Y) = 11{,}25$$

$$\sigma(Y) = \sigma(3X - 7) = 3 \cdot \sigma(X) = 3{,}354$$

Standardisierte Zufallsgrößen:

$$Z_X = \frac{X - 2{,}5}{1{,}118}; \quad Z_Y = \frac{Y - 0{,}5}{3{,}354}$$

b) Die Zufallsgröße X gebe die Augenzahl beim 1. Wurf, die Zufallsgröße Y die beim 2. Wurf. Für die Zufallsgröße Z, der Summe der Augenzahlen gilt, dann: Z = X + Y.

z_i	2	3	4	5	6	7	8
$P(Z = z_i)$	$\frac{1}{16}$	$\frac{2}{16}$	$\frac{3}{16}$	$\frac{4}{16}$	$\frac{3}{16}$	$\frac{2}{16}$	$\frac{1}{16}$

$$E(Z) = \sum_{i} z_i \cdot P(Z = z_i) = \frac{1}{6}(2 + 6 + 12 + 20 + 18 + 14 + 8) = 5$$

oder

$$E(Z) = E(X + Y) = E(X) + E(Y) = 2{,}5 + 2{,}5 = 5$$

$$Var(Z) = E(Z^2) - [E(Z)]^2 =$$

$$= \frac{1}{16}(4 + 9 + 16 + 25 + 36 + 49 + 64) - 25 = 2{,}5$$

oder

$$Var(Z) = Var(X + Y) = Var(X) + Var(Y) = 1{,}25 + 1{,}25 = 2{,}5$$

Die Zufallsgröße Z' sei das Produkt der Augenzahlen. Für Z' gilt:

$Z' = X \cdot Y$.

z'_i	1	2	3	4	6
$P(Z' = z'_i)$	$\frac{1}{16}$	$\frac{2}{16}$	$\frac{2}{16}$	$\frac{3}{16}$	$\frac{2}{16}$

z'_i	8	9	12	16
$P(Z' = z'_i)$	$\frac{2}{16}$	$\frac{1}{16}$	$\frac{2}{16}$	$\frac{1}{16}$

$$P(Z') = \sum_i z'_i \cdot P(Z' = z'_i) =$$

$$= \frac{1}{16}(1 + 4 + 6 + 12 + 12 + 16 + 9 + 24 + 16) = 6{,}25$$

oder

$$E(Z') = E(X \cdot Y) = E(X) \cdot E(Y) = 2{,}5 \cdot 2{,}5 = 6{,}25$$

69. Die Zufallsgröße X gebe die Anzahl der Druckfehler auf einer Seite an.

X ist poissonverteilt mit $\mu = 40 \cdot \frac{1}{400} = 0{,}1$, weil $n = 40$ und $p = \frac{1}{400}$

Dabei ist es belanglos, ob es sich um die 5. Seite oder eine andere handelt.

Damit gilt:

$$P_{0,1}(X > 1) = 1 - P_{0,1}(X \leq 1) = 1 - 0{,}99532 = 0{,}00468 = 0{,}47\ \%$$

Mit einer Wahrscheinlichkeit von 0,47 % enthält die 5. Seite mehr als einen Druckfehler.

70. Die Zufallsgröße X gebe die Anzahl der Personen an, die am Tag der Veranstaltung Geburtstag haben.

X ist poissonverteilt mit $\mu = \frac{500}{365}$

Es gilt:

$$P_\mu(X \geq 1) = 1 - P_\mu(X = 0) = 1 - e^{-\mu} = 0{,}74586 = 74{,}59\ \%$$

Mit einer Wahrscheinlichkeit von 74,59 % hat mindestens eine Person am Tag der Veranstaltung Geburtstag.

71. Die Zufallsgröße X_t gebe die Anzahl der Anrufe im Zeitintervall t an.

X_t ist poissonverteilt mit $\mu' = \mu \cdot t$

a) $\mu = 5 \wedge t = 1 \Rightarrow \mu' = 5 \cdot 1$

$$P_{t=1}(X_t = 3) = \frac{(5 \cdot 1)^3}{3!} e^{-5 \cdot 1} = 0{,}14037 = 14{,}04\ \%$$

Mit einer Wahrscheinlichkeit von 14,04 % gehen in einer Stunde drei Anrufe ein.

b) $\mu = 5 \wedge t = \frac{2}{3} \Rightarrow \mu' = 5 \cdot \frac{2}{3}$

$$P_{t=\frac{2}{3}}(X_t = 3) = \frac{\left(5 \cdot \frac{2}{3}\right)^3}{3!} e^{-5 \cdot \frac{2}{3}}$$

$= 0{,}22021 = 22{,}02\ \%$

Mit einer Wahrscheinlichkeit von 22,02 % gehen in 40 Minuten drei Anrufe ein.

72. a) $P(X \leq x_0) = \Phi\left(\frac{x_0 - \mu}{\sigma}\right)$

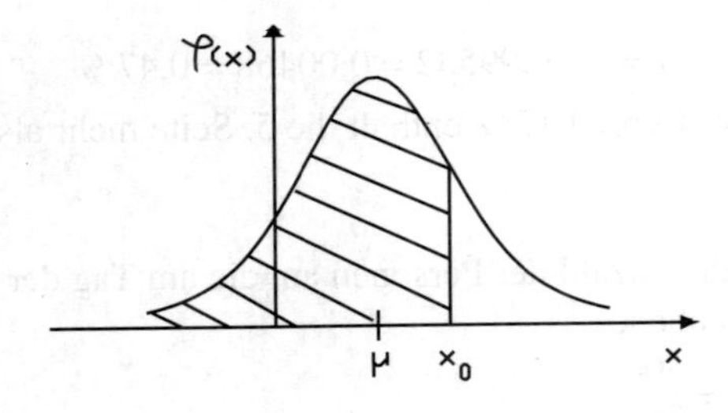

Beachte: $P(X \leq x) = P(X < x)$

$$P(X \leq 5) = \Phi\left(\frac{5-4}{2}\right) = \Phi(0{,}5) = 0{,}69146$$

b) $P(X > x_0) = 1 - P(X \le x_0) = 1 - \Phi\left(\frac{x_0 - \mu}{\sigma}\right)$

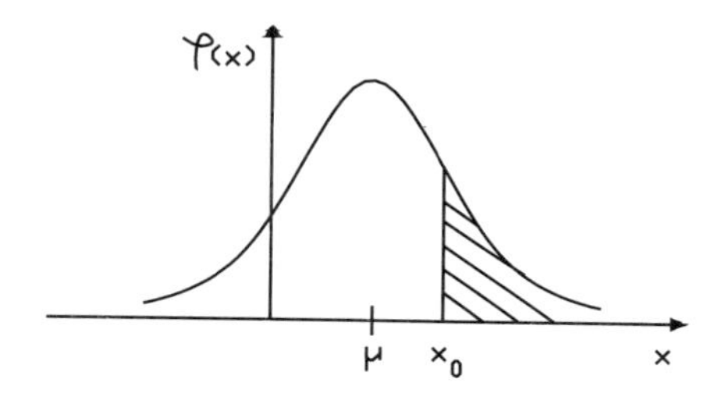

$$P(X > 6) = 1 - P(X \le 6) = 1 - \Phi\left(\frac{6-4}{2}\right) = 1 - \Phi(1) = 0{,}15866$$

c) $P(x_1 \le X \le x_2) = \Phi\left(\frac{x_2 - \mu}{\sigma}\right) - \Phi\left(\frac{x_1 - \mu}{\sigma}\right)$

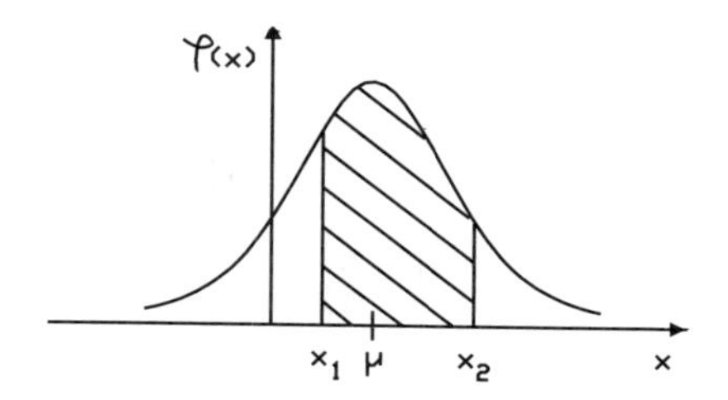

$$P(2 \le X \le 7) = \Phi\left(\frac{7-4}{2}\right) - \Phi\left(\frac{2-4}{2}\right) = \Phi(1{,}5) - \Phi(-1) =$$
$$= \Phi(1{,}5) - 1 + \Phi(1) = 0{,}77453$$

d) $P(|X - \mu| \le c) = \Phi\left(\frac{\mu + c - \mu}{\sigma}\right) - \Phi\left(\frac{\mu - c - \mu}{\sigma}\right) =$

$$= \Phi\left(\frac{c}{\sigma}\right) - \Phi\left(\frac{-c}{\sigma}\right) = \Phi\left(\frac{c}{\sigma}\right) - 1 + \Phi\left(\frac{c}{\sigma}\right) =$$
$$= 2 \cdot \Phi\left(\frac{c}{\sigma}\right) - 1$$

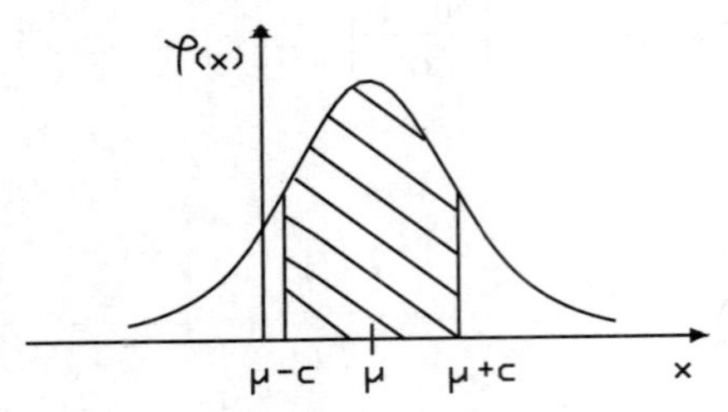

$P(|X-\mu| \leq 3) = 2 \cdot \Phi\left(\frac{3}{2}\right) - 1 = 0{,}86638$

Insbesondere gilt:

$P(|X-\mu| \leq k \cdot \sigma) = 2 \cdot \Phi(k) - 1$

$P(|X-\mu| \leq \sigma) = 0{,}68268 = 68{,}27\ \%$

$P(|X-\mu| \leq 2 \cdot \sigma) = 0{,}95450 = 95{,}45\ \%$

$P(|X-\mu| \leq 3 \cdot \sigma) = 0{,}99740 = 99{,}73\ \%$

3 σ-Regel: Es ist fast sicher, daß nur Werte aus dem 3 σ-Intervall auftreten.

e) $P(|X-\mu| > c) = 1 - P(|X-\mu| \leq c) = 1 - \left(2\,\Phi\left(\frac{c}{\sigma}\right) - 1\right) =$

$$= 2 - 2\,\Phi\left(\frac{c}{\sigma}\right) = 2\left[1 - \Phi\left(\frac{c}{\sigma}\right)\right]$$

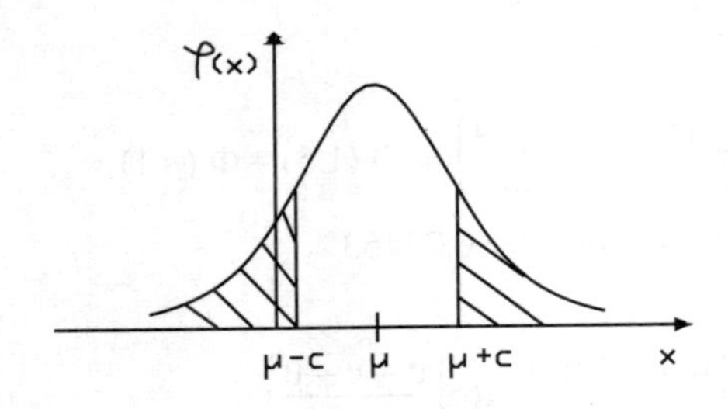

$P(|X-\mu| > 2) = 2 \cdot \left[1 - 2\,\Phi\left(\frac{2}{2}\right)\right] = 2 \cdot [1 - \Phi(1)] = 0{,}31732$

f) $P(|X - \mu| \leq c) = p$

$$2\,\Phi\left(\frac{c}{\sigma}\right) - 1 = p$$

$$\Phi\left(\frac{c}{\sigma}\right) = \frac{1+p}{2}$$

$$c = \sigma \cdot \Phi^{-1}\left(\frac{1+p}{2}\right)$$

Die Quantile der Standardnormalverteilung sind tabelliert.

oder

$P(|X - \mu| \leq c) = p \wedge c = t_p \cdot \sigma$

Die σ-Bereiche der Standardnormalverteilung sind tabelliert.

$P(|X - \mu| < 1{,}6449 \cdot \sigma) = 0{,}90 = 90\ \%$

$P(|X - \mu| < 1{,}96 \cdot \sigma) = 0{,}95 = 95\ \%$

$P(|X - \mu| < 2{,}5758 \cdot \sigma) = 0{,}99 = 99\ \%$

$P(|X - \mu| < 3{,}2905 \cdot \sigma) = 0{,}999 = 99{,}9\ \%$

$P(|X - \mu| \leq c) = 0{,}98$

$c = \sigma \cdot \Phi^{-1}(0{,}98) = 2{,}3264 \cdot \sigma = 4{,}6528$

oder

$c = t_{0,98} \cdot \sigma = 2{,}3264 \cdot \sigma = 4{,}6528$

73. Die Anzahl X der defekten Anstecknadeln ist binomial verteilt mit $p = 0{,}005$ und $n = 500$.

Es gilt: $\mu = n \cdot p = 500 \cdot 0{,}005 = 2{,}5$; $\sigma = \sqrt{n \cdot p \cdot (1-p)} = 1{,}577$

Näherung von $B^{500}_{0,005}(X \geq 5) = 1 - B^{500}_{0,005}(X \leq 4)$ mit

(1) der Poissonverteilung:

$$B^{500}_{0,005}(X \geq 5) \approx 1 - P_{2,5}(X \leq 4) = 1 - 0{,}89118 = 0{,}10882$$

Mit einer Wahrscheinlichkeit von 10,88 % wird die Lieferung zurückgewiesen.

(2) dem Grenzwertsatz von Moivre-Laplace:

$$B_{0,005}^{500}\ (X \geq 5) \approx 1 - \Phi \left(\frac{4 - 2,5 + 0,5}{1,577} \right) = 1 - \Phi\ (1,27) = 1 - 0,89796 =$$

0,10204

Mit einer Wahrscheinlichkeit von 10,20 % wird die Lieferung zurückgewiesen.

Anmerkung:

Wegen $n \cdot p \cdot (1 - p) \approx 2,5$ ist die Näherung mit dem Grenzwertsatz von Moivre-Laplace nicht sehr gut, so daß die Poisson-Näherung vorzuziehen ist.

6. Schätzen, Konfidenzintervalle, Tests

74. a) $P\ (|\ \overline{X} - \mu\ | < a) \geq 0,95$

$$\Rightarrow a = t \cdot \sigma = t \cdot \frac{s}{\sqrt{n}} = 1,96 \cdot \frac{121}{10} = 23,72\ h$$

Man rundet im allgemeinen auf ganze Zahlen, muß aber bei dieser Rundung beachten, daß die geforderten Bedingung noch erfüllt ist.

$a \approx 24\ h \Rightarrow \mu \in\ [1.476\ h;\ 1.524\ h]$

b) Der unbekannte Erwartungswert wird nach unten abgegrenzt, bleibt aber nach oben offen.

$P\ (|\ \overline{X} - \mu < a) \geq 0,95$

$$\Rightarrow a = t' \cdot \sigma = 1,6449 \cdot \frac{121}{10} = 19,90\ h \approx 20\ h$$

$\Rightarrow \mu \in\ [1.480\ h;\ \infty[$

c) Die Genauigkeit einer Konfidenzaussage soll möglichst hoch, d. h. die Länge des Konfidenzintervalles möglichst klein sein. Andererseits soll aber die Wahrscheinlichkeit für das Zutreffen der Konfidenzaussage möglichst hoch, d. h. die Länge des Konfidenzintervalles möglichst groß sein. Beide Ziele lassen sich nur über eine entsprechende Vergrößerung des Stichprobenumfanges erreichen, was aber häufig z. B. wegen der höheren Kosten nicht möglich ist.

75. $\bar{x} = 0{,}29$; $P(|\bar{X} - \mu| \leq a) \leq 0{,}99$

$$\Rightarrow a = t \cdot \sigma = 2{,}5758 \cdot \sqrt{\frac{0{,}29 \cdot 0{,}71}{100}} = 0{,}116 \approx 0{,}12$$

⇒ Der Anteil der Männer, die das Rasierwasser R kennen, liegt mit einer Sicherheitswahrscheinlichkeit von 99 % im Intervall [0,17; 0,41] = [17 %; 41 %].

76. a) $\bar{x} = \frac{1}{n} \sum_{i=1}^{n} x_i = 3{,}12$; $\quad s^2 = \frac{1}{n-1} \sum_{i=1}^{n} (x_i - \bar{x})^2 = 0{,}041 \Rightarrow s = 0{,}2025$,

weil $\bar{x}$ und s erwartungstreue Schätzgrößen sind.

b) $P(|\bar{X} - \mu| < a) \geq 0{,}98$

$$\Rightarrow a = t \cdot \sigma = 2{,}3264 \cdot \frac{0{,}2025}{\sqrt{30}} = 0{,}086 \approx 0{,}09$$

$\Rightarrow \mu \in [3{,}03\ \%; 3{,}21\ \%]$

77. Die relative Häufigkeit ist eine erwartungstreue Schätzgröße für p.

$h_n = \bar{p} = \frac{70}{200} = 0{,}35$ $\quad P(|H_n - p| \leq a) \geq 0{,}95$

$$\Rightarrow a = t \cdot \sigma = 1{,}96 \cdot \sqrt{\frac{0{,}35 \cdot 0{,}65}{200}} = 0{,}066 \approx 0{,}07$$

$\Rightarrow p \in [0{,}28; 0{,}42] = [28\ \%; 42\ \%]$

78. a) Die relative Häufigkeit H_n ist eine erwartungstreue Schätzgröße für p.

$h_n = \bar{p} = \frac{450}{3.000} = 0{,}15 = 15\ \%$

b) $P(|H_n - p| \leq a) \geq 0{,}99$

$$\Rightarrow a = t \cdot \sigma = 2{,}5758 \cdot \sqrt{\frac{0{,}15 \cdot 0{,}85}{3.000}} = 0{,}017$$

$\Rightarrow p \in [0{,}133; 0{,}167] = [13{,}3\ \%; 16{,}7\ \%]$

Die restlichen Parteien haben damit einen Anteil, der obigen auf 100 % ergänzt: $p_r \in [83{,}3\ \%; 86{,}7\ \%]$

79. $P(|\bar{X} - \mu| \leq a) \geq 0{,}95$ $\qquad s = \sqrt{16.641} = 129$

$$\Rightarrow a = t \cdot \sigma = 1{,}96 \cdot \frac{129}{\sqrt{1.200}} = 7{,}299 = 7{,}30 \text{ DM}$$

Konfidenzintervall für den Mittelwert [412,20 DM; 426,80 DM]. Für den Warenwert W gilt: $W \in$ [4.122.000 DM; 4.268.000 DM]

80. $\bar{x} = 0{,}6$ l; $\quad \sigma = 0{,}13$ l

$P(|\bar{X} - \mu| \leq a) \geq 0{,}95$

$$\Rightarrow a = t \cdot \sigma = 1{,}96 \cdot \frac{0{,}13}{\sqrt{48}} = 0{,}037 = 0{,}04 \text{ l}$$

Für den wirklichen täglichen Trinkbedarf μ eines Kleinkindes gilt:

$\mu \in$ [0,56 l; 0,64 l]

Für den Gesamtwert W gilt: $W \in$ [145,6 l; 166,4 l]

81. Wegen $a = t \cdot \sigma = t \cdot \frac{s}{\sqrt{n}} \wedge \frac{a}{2} = t \cdot \frac{s}{2\sqrt{n}} = t \cdot \frac{s}{\sqrt{4n}}$ gilt:

Der Stichprobenumfang muß vervierfacht werden.

82. Wir wählen als Nullhypothese H_0 und Ablehnungsbereich $\bar{A}$

$H_0 : p_0 \leq 0{,}125$; $n = 1.000$; $\bar{A} = \{k + 1; \ldots, 1.000\}$

Dann gilt: $\alpha = B_{0,125}^{1.000}(X \geq k + 1) \leq 0{,}05 \Rightarrow B_{0.125}^{1.000}(X \leq k) \geq 0{,}95$

Näherung mit Hilfe der Normalverteilung:

$\mu = 1.000 \cdot 0{,}125 = 125$; $\sigma = \sqrt{1.000 \cdot 0{,}125 \cdot 0{,}875} = 10{,}46$

$$\Phi\left(\frac{k - \mu + 0{,}5}{\sigma}\right) \geq 0{,}95$$

$$\frac{k - \mu + 0{,}5}{\sigma} = 1{,}6449$$

$$k = 1{,}6449 \cdot 10{,}46 + 125 - 0{,}5 = 141{,}71$$

$$\Rightarrow \bar{A} = \{142, \ldots, 1.000\}$$

Da obiges Ergebnis in $\bar{A}$ liegt, muß H_0 verworfen werden, d. h. die Behauptung des Untersuchungsleiters wird wohl richtig sein.

83. a) Wir wählen als erste Hypothese H_1 mit Annahmebereich A:

$H_1 : p_1 \leq 0{,}9 \qquad A = \{0, ..., 48\} \quad \overline{A} = \{49, 50\}$

Die Zufallsgröße X sei die Anzahl der Erfolge.

$\alpha = B^{50}_{0,90}(X \geq 49) = 1 - B^{50}_{0,9}(X \leq 48) = 0{,}03379$

b) Für die Alternative H_2 gilt: $H_2 : p_2 = 0{,}96$

$\beta = B^{50}_{0,96}(X \leq 48)$

Näherung durch die Normalverteilung:

$\mu = n \cdot p = 50 \cdot 0{,}96 = 48 \; ; \; \sigma = \sqrt{50 \cdot 0{,}96 \cdot 0{,}04} = 1{,}39$

$$\beta \approx \Phi\left(\frac{48 - 48 + 0{,}5}{1{,}39}\right) = \Phi(0{,}36) = 0{,}64058$$

$\Rightarrow$ Mit einer Wahrscheinlichkeit von 64,06 % wird H_1 fälschlicherweise angenommen.

84. Die Zufallsgröße Z sei die Anzahl der Brötchen mit der gesuchten Eigenschaft. Wir wählen für die Aufgaben a) und b) $H_1' : p_1 \geq 0{,}30$ und $H_2' : p_2 \leq 0{,}25$ mit $A = \{27, 28, ..., 100\}$ und $\overline{A} = \{1, 2, ..., 26\}$

a) L trifft eine Fehlentscheidung, wenn sich ein Ergebnis aus $\overline{A}$ einstellt und H_1' zutrifft.

$\alpha = P(Z \leq 26) = B^{100}_{0,3}(Z \leq 26) = 0{,}22440 = 22{,}44\ \%$

b) L trifft eine Fehlentscheidung, wenn sich ein Ergebnis aus A einstellt und H_2' zutrifft.

$\beta = P(Z > 26) = 1 - P(Z \leq 26) = 1 - B^{100}_{0,25}(Z \leq 26) = 1 - 0{,}64174 =$

$= 0{,}35826 = 35{,}83\ \%$

c) Wegen der Bezeichnung für $H_1 : p_1 \leq 0{,}25$ und $H_2 : p_2 \geq 0{,}3$ wählen wir

$A = \{0, ..., k\}$ und $\overline{A} = \{k + 1, ..., n\}$

$\alpha = B^{n}_{0,25}(\overline{A}) \leq 0{,}05 \qquad \beta = B^{n}_{0,3}(A) \leq 0{,}5$

Näherung nach Moivre-Laplace:

$\mu_0 = n \cdot p_0 = 0{,}25n$ $\mu_1 = n \cdot p_1 = 0{,}3n$ $\sigma_0 =$
$\sqrt{0{,}25 \cdot 0{,}75 \cdot n}$ $\sigma_1 = \sqrt{0{,}3 \cdot 0{,}7 \cdot n}$

$B^n_{0,25}(Z > k) =$ $B^n_{0,3}(Z \le k) \le 0{,}05$

$1 - B^n_{0,25}(Z \le k) \le 0{,}05$

$B^n_{0,25}(Z \le k) \ge 0{,}95$

$\Phi\left(\frac{k - 0{,}25n + 0{,}5}{\sqrt{0{,}25 \cdot 0{,}75 \cdot n}}\right) \ge 0{,}95$ $\Phi\left(\frac{k - 0{,}3n + 0{,}5}{\sqrt{0{,}3 \cdot 0{,}7 \cdot n}}\right) \le 0{,}05$

$\frac{k - 0{,}25n + 0{,}5}{\sqrt{0{,}25 \cdot 0{,}75 \cdot n}} \ge 0{,}1{,}6449$ $\frac{k - 0{,}3n + 0{,}5}{\sqrt{0{,}3 \cdot 0{,}7 \cdot n}} \le -1{,}6449$

$k - 0{,}25n + 0{,}5 \ge$ $k - 0{,}3n + 0{,}5 \le$
$1{,}6449 \cdot \sqrt{0{,}25 \cdot 0{,}75 \cdot n}$ $-1{,}6449 \cdot \sqrt{0{,}3 \cdot 0{,}7 \cdot n}$

$k \ge 1{,}6449\sqrt{0{,}25 \cdot 0{,}75 \cdot n} +$ $k \le 1{,}6449\sqrt{0{,}3 \cdot 0{,}7 \cdot n} +$
$0{,}25n + 0{,}5$ $0{,}3n + 0{,}5$

$1{,}6449\sqrt{0{,}25 \cdot 0{,}75 \cdot n} + 0{,}25n + 0{,}5 \approx -1{,}6449$
$\sqrt{0{,}3 \cdot 0{,}7 \cdot n} + 0{,}3n + 0{,}5$

$$\sqrt{n} = \frac{1{,}6449\left(\sqrt{0{,}25 \cdot 0{,}75} + \sqrt{0{,}3 \cdot 0{,}7}\right)}{0{,}05} \Rightarrow n \approx 859{,}72 \Rightarrow n = 860$$

Setzt man n = 860 ein, so erhält man $k \approx 235{,}4 \Rightarrow k = 236$

Die Stichprobe muß mindestens 860 Brötchen umfassen. Die Hypothese $H_1: p = 0{,}25$ wird angenommen, wenn höchstens 236 Brötchen mit Rosinen an der Oberfläche gefunden werden.

85. $H_0: p_0 \le 0{,}03$ $A = \{0, ..., k\}$ $\overline{A} = \{k + 1, ..., 200\}$
$\alpha = B^{200}_{0,03}(X \ge k + 1) \le 0{,}05$

$B^{200}_{0,03}(X \le k) \ge 0{,}95 \Rightarrow k = 10$ (Ablesen aus der Tabelle)

$A = \{0, 1, ..., 10\}$; $\overline{A} = \{11, 12, ..., 200\}$

Da $9 \notin \overline{A} \Rightarrow H_0$ kann nicht verworfen werden.

86. Die Nullhypothese wird so gewählt, daß die mittlere Reißfestigkeit nicht größer sei als die der alten Sorte.

$H_0 : \mu_0 \leq 12{,}6$ N; $A = [0; \mu_0 + a]$; $\overline{A} =]\,\mu_0 + a; \infty\,[$

$P(\overline{X} - \mu_0 > a) \leq 0{,}01 \Rightarrow P(\overline{X} - \mu_0 \leq a) \geq 0{,}99$

$$\Rightarrow a = t' \cdot s = 2{,}3264 \cdot \frac{1{,}8}{10} = 0{,}42 \text{ N}$$

$A = [0; 13{,}02 \text{ N}]$; $\overline{A} =]13{,}02 \text{ N}; \infty\,[$

Da $\overline{x} \in \overline{A}$ wird H_0 verworfen, d. h. die neue Sorte hat mit einer Irrtumswahrscheinlichkeit von 1 % eine größere mittlere Reißfestigkeit.

87. Die Zufallsgröße X sei die Anzahl der Gewinnlose

a) $P(X \leq 1) = B_{0,25}^{20}(X \leq 1) = 0{,}02431$ (sehr kleine Wahrscheinlichkeit)

b) Man wählt als Nullhypothese immer die, die verworfen werden soll,

d. h. $H_0 : p \geq 0{,}25$, $n = 20$, $\alpha = 0{,}1$, $\overline{A} = \{0, ..., k\}$

$$\alpha = B_{0,25}^{20}(X \leq k) \leq 0{,}1 \Rightarrow k = 2$$

$\overline{A} = \{0, 1, 2\}$

Da $1 \in \overline{A}$ gilt, kann Herr Y annehmen, daß die Behauptung $p \geq 0{,}25$ mit einer Irrtumswahrscheinlichkeit von 10 % nicht zutrifft.

88. Die Zufallsgröße X sei die Anzahl der Ausschußstücke. Man wählt $H_0 : p_0 \leq 0{,}1$ mit $A = \{0, ..., k\}$

a) $B_{0,1}^{100}(X \leq k) \geq 0{,}95 \Rightarrow k = 15$

Wenn 16 oder mehr defekte Teile in der Lieferung sind, wird man mit einer Sicherheitswahrscheinlichkeit von 95 % die Behauptung des Herstellers zurückweisen.

b) Man wählt $H_0 : p_0 \leq 0{,}1$ mit Annahmebereich A und Ablehnungsbereich $\overline{A}$ für die Hypothese.

$H_0 : p_0 \leq 0{,}1$	$H_1 : p_1 = 0{,}2$
$A = \{0, ..., k\}$	$\overline{A} = \{k + 1, ..., n\}$

$\alpha = B^{n}_{0,1}\,(X > k) \le 0{,}05$ $\qquad\qquad$ $\beta = {}^{n}_{0,2}\,(X \le k) \le 0{,}05$

$1 - B^{n}_{0,1}\,(X \le k) \le 0{,}05$

$B^{n}_{0,1}\,(X \le k) \ge 0{,}95$

Näherung mit Moivre-Laplace

$\mu_0 = n \cdot p_0 = 0{,}1 \cdot n;\ \sigma_0 = \sqrt{0{,}1 \cdot 0{,}9 \cdot n} = 0{,}3\sqrt{n};\ \mu_1 = n \cdot p_1 = 0{,}2 \cdot n;$

$\sigma_1 = \sqrt{0{,}2 \cdot 0{,}8 \cdot n} = 0{,}4\sqrt{n}$

$\Phi\left(\dfrac{k - 0{,}1n + 0{,}5}{0{,}3\sqrt{n}}\right) \ge 0{,}95$ $\qquad\qquad$ $\Phi\left(\dfrac{k - 0{,}2n + 0{,}5}{0{,}4\sqrt{n}}\right) \le 0{,}05$

$\dfrac{k - 0{,}1n + 0{,}5}{0{,}3\sqrt{n}} \ge 1{,}6449$ $\qquad\qquad$ $\dfrac{k - 0{,}2n + 0{,}5}{0{,}4\sqrt{n}} \le -1{,}6449$

$k \ge 0{,}1n - 0{,}5 + 1{,}6449 \cdot 0{,}3\sqrt{n}$ $\qquad\qquad$ $k \le 0{,}2n - 0{,}5 - 1{,}6449 \cdot 0{,}4\sqrt{n}$

$0{,}1n - 0{,}5 + 1{,}6449 \cdot 0{,}3\sqrt{n} \approx 0{,}2n - 0{,}5 - 1{,}6449 \cdot 0{,}4\sqrt{n}$

$1{,}6449\,(0{,}3 + 0{,}4)\sqrt{n} = 0{,}1n \mid\ :\sqrt{n}$

$\sqrt{n} \approx 11{,}5143 \Rightarrow n \approx 132{,}58 \Rightarrow n \ge 133$

$k \approx 18{,}49 \Rightarrow k = 18$

Die Stichprobe muß mindestens 133 Teile umfassen. H_0 wird abgelehnt, wenn 19 oder mehr Bauteile defekt sind.

89. Für die Nullhypothese

$H_0 : p_0 \ge 0{,}7$ wählt man A = {k, ..., 350}. Es muß gelten:

$\alpha = B^{350}_{0,7}\,(X < k) \le 0{,}05$

Näherung nach Moivre-Laplace:

$\mu = n \cdot p = 350 \cdot 0{,}7 = 245;\quad \sigma = \sqrt{n \cdot p\,(1 - p)} = \sqrt{350 \cdot 0{,}7 \cdot 0{,}3} = 8{,}57$

$\alpha = \Phi\left(\dfrac{k - \mu - 0{,}5}{\sigma}\right) = \Phi\left(\dfrac{k - 245 - 0{,}5}{8{,}57}\right) \le 0{,}05$

$\dfrac{k - 245 - 0{,}5}{8{,}57} \le -1{,}6449 \qquad \Rightarrow k \le 231{,}41 \Rightarrow k = 231$

A = {231, ..., 350}

90. Man überprüft die Nullhypothese $H_0 : \mu_0 \geq 1.000$ g unter der Bedingung daß eine Normalverteilung vorliegt.

$H_0 : \mu_0 \geq 1.000$ g; $\frac{\sigma}{\sqrt{n}} = 1{,}5$; $\overline{A} = [0; x]$

$\Phi\left(\frac{x-\mu}{\sigma}\right) \leq 0{,}05 \Rightarrow x - \mu \leq -1{,}6449 \cdot 1{,}5 \Rightarrow x \leq -1{,}6449 \;\; 1{,}5 + 1.000 =$

$= 997{,}5$ g

$\Rightarrow \overline{A} = [0; 997{,}5 \text{ g}]$

Ergibt die konkrete Stichprobe ein Füllgewicht $\overline{x} \leq 997{,}5$ g, so kann die Nullhypothese H_0 verworfen werden, d. h. wahrscheinlich ist dann (auf dem 5 %-Signifikanzniveau) das Füllgewicht kleiner als 1.000 g.

91. $H_1 : p_1 = 0{,}1$; $A = \{0, 1, ..., 6\}$; $\overline{A} = \{7, ..., 50\}$

a) H_1 wird fälschlicherweise abgelehnt, wenn sich ein Ergebnis aus $\overline{A}$ einstellt, aber H_1 zutrifft. Die Wahrscheinlichkeit für diese Fehlentscheidung ist das Risiko des Herstellers.

$\alpha = B^{50}_{0,1}(X \geq 7) = 1 - B^{50}_{0,1}(X \leq 6) = 1 - 0{,}77023 = 0{,}22977 =$

$= 22{,}98$ %

b) Die Alternative $H_2 : p_2 = 0{,}2$ wird abgelehnt, wenn sich ein Ergebnis aus A einstellt. Wenn H_2 zutrifft, ist dies eine Fehlentscheidung, das Risiko des Abnehmers.

$\beta = B^{50}_{0,2}(X \leq 6) = 0{,}10340 = 10{,}34$ %

c) $A = \{0, 1, ..., k\}$; $\overline{A} = \{k + 1, ..., 50\}$

$B^{50}_{0,1}(X \geq k + 1) = 1 - B^{50}_{0,1}(X \leq k) \leq 0{,}05 \Rightarrow B^{50}_{0,1}(X \leq k) \geq 0{,}95 \Rightarrow k = 9$

$\Rightarrow A = \{0, ..., 9\}$; $\overline{A} = \{10, ..., 50\}$

Wirkliches Risiko für den Hersteller:

$\alpha = B^{50}_{0,1}(X \geq 10) = 1 - B^{50}_{0,1}(X \leq 9) = 1 - 0{,}97546 =$

$= 0{,}02454 = 2{,}45$ %

Wirkliches Risiko für den Abnehmer:

$\beta = B^{50}_{0,2}(X \leq 9) = 0{,}44374 = 44{,}37$ %

92. $H_0 : \mu_0 = 1.000$ ml; $A = [\mu_0 - a; \mu_0 + a]$

$P(|\bar{X} - \mu_0| > a) < 0{,}05 \Rightarrow P(|\bar{X} - \mu_0| \leq a) \geq 0{,}95$

$\Rightarrow a = t \cdot \sigma = 1{,}96 \cdot \frac{4}{\sqrt{100}} = 0{,}784$ ml, wobei σ durch $\frac{s}{\sqrt{n}}$ geschätzt wird.

$\Rightarrow A = [999{,}216 \text{ ml}; 1000{,}784 \text{ ml}]$

Da $\bar{x} \in \bar{A} \Rightarrow$ Das Stichprobenergebnis ist signifikant, d. h. H_0 wird mit einer Irrtumswahrscheinlichkeit von 5 % verworfen.

93. Man wählt

$H_0 : p_0 \geq 0{,}21$; $A = \{k + 1, ..., 1.000\}$; $\bar{A} = \{0, ..., k\}$. Dann muß gelten:

$\alpha = B^{1.000}_{0,21}(X \leq k) \leq 0{,}01$

Näherung durch Moivre-Laplace:

$\mu = n \cdot p = 1.000 \cdot 0{,}21 = 210$; $\sigma = \sqrt{n \cdot p(1-p)} = \sqrt{1.000 \cdot 0{,}21 \cdot 0{,}79} = 12{,}88$

$$\Phi\left(\frac{k - \mu + 0{,}5}{\sigma}\right) = \Phi\left(\frac{k - 210 + 0{,}5}{12{,}88}\right) \leq 0{,}01$$

$$\frac{k - 210 - 0{,}5}{12{,}88} \leq -2{,}3264 \Rightarrow k \approx -2{,}3264 \cdot 12{,}88 + 210 - 0{,}5 = 179{,}53$$

$A = \{180, ..., 1.000\}$

Da $160 \in \bar{A} \Rightarrow H_0$ wird verworfen, d. h. mit einer Irrtumswahrscheinlichkeit von 1 % zeigt das Grippenschutzmittel einen positiven Effekt.

94. Andenkenhändler H begeht eine Fehlentscheidung, wenn er mehr als zwei fehlerhafte Stücke findet und der Anteil der fehlerhaften Stücke wirklich nur 5 % beträgt.

$$P(X \geq 3) = 1 - P(X \leq 2) = 1 - B^{20}_{0,05}(X \leq 2) = 1 - 0{,}92452 = 0{,}07548 = 7{,}55\ \%$$

Fehlentscheidung mit einer Wahrscheinlichkeit von 7,55 %.

95. Man wählt als Hypothese H_1 und Alternative H_2:

$H_1 : p_1 = 0{,}2;\ H_2 : p_2 = 0{,}1$ mit

$A = \{k + 1, ..., 200\};\ \bar{A} = \{0, ..., k\}$

a) $\alpha = B_{0,2}^{200}(X \leq k) \leq 0{,}05 \Rightarrow k = 30$

$A = \{31, ..., 200\};\ \bar{A} = \{0, 1, ..., 30\}$

Karl irrt sich mit einer Wahrscheinlichkeit von höchstens 5 %, wenn er die Behauptung des Wirtes zurückweist, falls er 31 oder mehr schlecht eingeschenkte Maßkrüge unter den nächsten 200 beobachtet und seine Behauptung zutrifft.

b) $\beta = B_{0,1}^{200}(X \geq 31) = 1 - B_{0,1}^{200}(X \leq 30) = 1 - 0{,}99049 = 0{,}00951 =$

$= 0{,}95\ \%$

Karl irrt sich bei obiger Entscheidungsregel nur mit einer Wahrscheinlichkeit von 0,95 %, wenn die Behauptung des Wirtes zutrifft.

96. Mann wählt als Nullhypothese

$H_0 : \mu_0 \geq 44.000$ km; $A = [\mu_0 - a; \infty[$; $\bar{A} = [0; \mu_0 - a[$. Damit gilt:

$P(\bar{X} - \mu_0 < a) \leq 0{,}05 \Rightarrow P(\bar{X} - \mu_0 \geq a) \geq 0{,}95$

$\Rightarrow a = t' \cdot \sigma = 1{,}6449 \cdot \dfrac{500}{\sqrt{400}} = 411{,}225$ km

$\Rightarrow A = [43588{,}775$ km$; \infty[$

$\bar{x} \in \bar{A} \Rightarrow H_0$ muß verworfen werden, d. h. man kann mit einer Irrtumswahrscheinlichkeit von 5 % annehmen, daß sich die Lebensdauer verringert hat.

97. Man wählt als Nullhypothese H_0:

$\mu_0 = 22$ mg; $A = [0; \mu_0 + a]$; $\bar{A} =]\mu_0 + a; \infty[$. Dann gilt:

$P(\bar{X} - \mu_0 > a) \leq 0{,}05 \Rightarrow P(\bar{X} - \mu_0 \leq a) \geq 0{,}95$

$\Rightarrow a = t' \cdot \sigma = 1{,}6449 \cdot \dfrac{1{,}3}{\sqrt{25}} = 0{,}428$ mg

$\Rightarrow A = [0; 22{,}428$ mg$]$

$\bar{x} \in \bar{A} \Rightarrow H_0$ muß verworfen werden, d. h. man kann mit einer Irrtumswahrscheinlichkeit von 5 % annehmen, daß der Natriumgehalt höher ist als angegeben.

98. a) Für die Hypothese $H_1 : p_1 = 0{,}15$ gilt: $A = \{0,1, ..., 9\}$; $\bar{A} = \{10, ..., 50\}$.
Für die Fehlentscheidung gilt:

$$\alpha = B^{50}_{0,15}\,(X \geq 10) = 1 - B^{50}_{0,15}\,(X \leq 9) = 1 - 0{,}79109 = 0{,}20891$$

Fehlentscheidung des Kontrolleurs mit einer Wahrscheinlichkeit von 20,89 %.

b) $\beta = B^{50}_{0,25}\,(X \leq 9) = 0{,}16368$

Mit einer Wahrscheinlichkeit von 16,37 % bleibt er bei seiner ursprünglichen (aber falschen) Meinung.

c) $P\,(\text{Annahme}) = B^{10}_{0,15}\,(X \leq 1) + B^{10}_{0,15}\,(X = 2) \cdot B^{10}_{0,15}\,(X = 0) =$

$$= 0{,}54430 + 0{,}27590 \cdot 0{,}19687 = 0{,}59862$$

Die Sendung wird mit einer Wahrscheinlichkeit von 59,86 % angenommen.

99. Die Zufallsgröße X gebe die Anzahl der Servietten an, die in Ordnung sind. Es müssen n Servietten gekauft werden damit

$B^{n}_{0,9}\,(X \geq 100) > 0{,}99$ gilt.

$$B^{n}_{0,9}\,(X \geq 100) = 1 - B^{n}_{0,9}\,(X \leq 99) > 0{,}99 \Rightarrow B^{n}_{0,9}\,(X \leq 99) < 0{,}01$$

Mit $\mu = n \cdot p = 0{,}9 \cdot n$, $\sigma = \sqrt{n \cdot p\,(1 - p)} = \sqrt{0{,}9 \cdot 0{,}1 \cdot n} = 0{,}3\,\sqrt{n}$ und der Näherung nach Moivre-Laplace gilt:

$$B^{n}_{0,9}\,(X \leq 99) \approx \Phi\left(\frac{99 - 0{,}9n + 0{,}5}{0{,}3\,\sqrt{n}}\right) < 0{,}1$$

Aus den Quantilen der Normalverteilung erhält man:

$$\frac{99 - 0{,}9 \cdot n + 0{,}5}{0{,}3\sqrt{n}} < -2{,}3264$$

$$99 - 0{,}9n + 0{,}5 < -2{,}3264 \cdot 0{,}3\sqrt{n}$$

$$0{,}9n - 2{,}3264 \cdot 0{,}3\sqrt{n} - 99{,}5 > 0$$

Man löst diese Ungleichung als quadratische Gleichung in $\sqrt{n}$:

$$\sqrt{n} = \frac{1}{2 \cdot 0{,}9}\left(2{,}3264 \cdot 0{,}3 \underset{(-)}{+} \sqrt{(2{,}3264 \cdot 0{,}3)^2 + 4 \cdot 0{,}9 \cdot 99{,}5}\right)$$

Man schließt dann

$$\Rightarrow \sqrt{n} > 10{,}91 \Rightarrow n > 119{,}03 \Rightarrow n \geq 120$$

Frau M muß mindestens 120 Servietten kaufen.

II. Klausuren und umfassende Aufgaben

100. 1. a) Man zeichnet ein Baumdiagramm und wendet die Pfadregeln an.

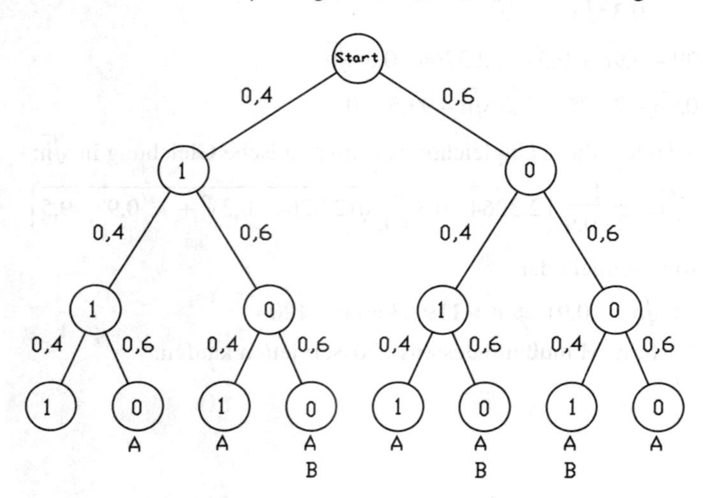

$P(A) = 1 - 0{,}4^3 = 1 - 0{,}064 = 0{,}936 = 93{,}6\ \%$

$P(B) = 3 \cdot 0{,}4 \cdot 0{,}6^2 = 0{,}432 = 43{,}2\%$

b) "Weder A noch B" läßt sich durch $\overline{A} \cap \overline{B}$ ausdrücken:

$E_1 = \overline{A} \cap \overline{B} = \{111\}$

$P(\overline{A} \cap \overline{B}) = P\ \{111\}) = 0{,}4^3 = 0{,}064 = 6{,}4\ \%$

c) "Entweder A oder B" läßt sich durch $(\overline{A} \cap B) \cup (A \cap \overline{B})$ ausdrücken:

$E_2 = (\overline{A} \cap B) \cup (A \cap \overline{B}) = \{\ \ \} \cup \{110, 101, 011, 000\} =$
$= \{110, 101, 011, 000\}$:

Zwei Orden oder kein Orden werden an V verliehen.

$P(E_2) = 3 \cdot 0{,}4^2 \cdot 0{,}6 + 0{,}6^3 = 0{,}288 + 0{,}216 = 0{,}504 = 50{,}4\ \%$

d) $E_1 \cap E_2 = \varnothing \Rightarrow E_1, E_2$ unvereinbar.

e) $(\overline{\overline{A} \cup B}) \cup (\overline{\overline{A} \cup \overline{B}}) = (A \cap \overline{B}) \cup (A \cap B) = A \cap (B \cup \overline{B}) =$

$= A \cap \Omega = A$

2. a) Zwei bestimmte Orden gehen an V, vier nicht.

   $P_a = 0{,}4^2 \cdot 0{,}6^4 = 0{,}02074 = 2{,}07\ \%$

   b) Nur einer der sechs Orden geht an V, fünf nicht; es kann jeder der sechs Orden sein.

   $P_b = 6 \cdot 0{,}4 \cdot 0{,}6^5 = 0{,}18662 = 18{,}66\ \%$

   c) $P_c = 0{,}6^6 = 0{,}04666 = 4{,}67\ \%$

   d) P (mindestens ein ...) = 1 – P (kein ...)

   $P_d = 1 - 0{,}6^6 = 1 - 0{,}04666 = 0{,}95334 = 95{,}33\ \%$

3. Aus den Angaben läßt sich eine vollständige Vierfeldtafel bestimmen. Die gegebenen Werte sind unterstrichen.

	N	$\overline{N}$	
M	0,02	0,15	<u>0,17</u>
$\overline{M}$	0,23	<u>0,60</u>	0,83
	<u>0,25</u>	0,75	1

   a) In Frage kommt nur der Anteil $M \cap N$:

   $P(M \cap N) = 2\ \%$

   Nur 2 % der Bevölkerung kommt für die Ordensverleihung in Frage.

   b) Der Anteil der Personen, die für eine Ordensverleihung nicht in Frage kommen, ist nach a) 98 %.

   $\Rightarrow$ Es kommen $1.000 \cdot 0{,}98 = 980$ Personen nicht für eine Ordensverleihung in Frage.

101. 1. a) Man zeichnet ein Baumdiagramm und wendet die beiden Pfadregeln an.

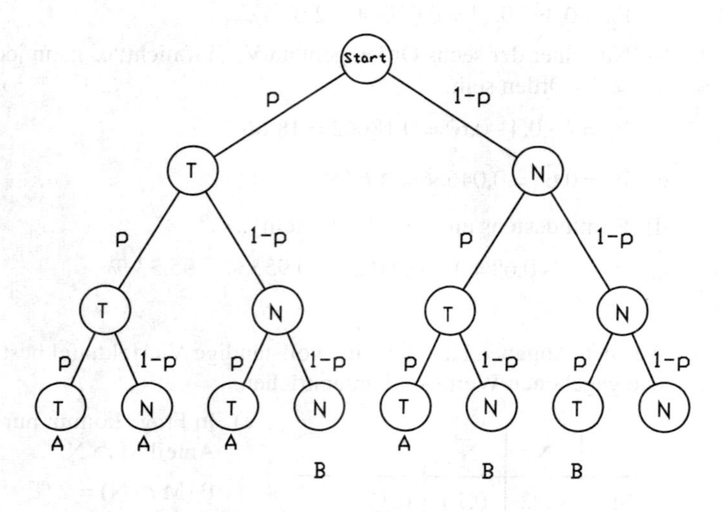

$P(A) = p^3 + 3p^2(1-p) = 3p^2 - 2p^3$

$P(B) = 3p(1-p)^2 = 3p - 6p^2 + 3p^3$

b) Wegen $A \cap B = \varnothing$ sind die Ereignisse A und B unvereinbar.

c) $E = \bar{A} \cap \bar{B} = \overline{A \cup B} = \{NNN\}$: Es tritt kein Treffer auf

$A \cap B = \varnothing$, $A \cap E = \varnothing$, $B \cap E = \varnothing$, $A \cup B \cup E = \Omega \Rightarrow$ A, B, E bilden eine Zerlegung von Ω, denn Ereignisse A_i bilden eine Zerlegung von Ω, wenn sie paarweise disjunkt sind und ihre Vereinigunsmenge Ω ergibt.

d) P (B) ist eine Funktion von p, die maximal wird, falls $P'(B) = 0 \wedge P''(B) < 0$ gilt.

$P'(B) = 3 - 12p + 9p^2 = 3(1 - 4p + 3p^2)$ $P''(B) = -12 + 18p$

$P'(B) = 0$: $p_{1/2} = \frac{1}{6}(+4 \pm \sqrt{16-12}) = \frac{1}{6}(4 \pm 2)$

$p = 1 \vee p = \frac{1}{3}$: $P''_1(B) = 6 > 0$ Min $P''_{\frac{1}{3}}(B) = -6 < 0$

$\Rightarrow$ Maximum für $p = \frac{1}{3}$

$$\Rightarrow P(B) = 3 \cdot \left(\frac{1}{3} - \frac{2}{9} + \frac{1}{27}\right) = \frac{3\,(9-6+1)}{27} = \frac{4}{9}$$

Die Gewinnwahrscheinlichkeit P (B) wird maximal für $p = \frac{1}{3}$. Sie hat dann den Wert $P(B) = \frac{4}{9} = 44{,}44\ \%$

e) Aus der Beziehung P (mindestens ein...) = 1 – P (kein ...) folgt:

$$1 - \left(\frac{2}{3}\right)^n > 0{,}95$$

$$\left(\frac{2}{3}\right)^n < 0{,}05$$

$$n \cdot \ln\left(\frac{2}{3}\right) < \ln 0{,}05$$

$$n > \frac{\ln 0{,}05}{\ln \frac{2}{3}} = 7{,}38 \Rightarrow n \geq 8$$

Man muß das Glücksrad mindestens achtmal drehen.

2. a) Nur eines der fünf Spiele ist ein Gewinnspiel, die restlichen vier nicht; es kann jedes der fünf Spiele das Gewinnspiel sein.

$$P_a = 5 \cdot \left(\frac{4}{9}\right) \cdot \left(\frac{5}{9}\right)^4 = 0{,}21169 = 21{,}17\ \%$$

b) Mindestens ein Gewinnspiel erhält man, wenn nicht alle Spiele keine Gewinnspiele sind, d. h. über die Gegenwahrscheinlichkeit zu fünf "Nichtgewinnspielen".

$$P_b = 1 - \left(\frac{5}{9}\right)^5 = 0{,}94708 = 94{,}71\ \%$$

c) Dem ersten Gewinnspiel gehen vier ohne Gewinn voraus.

$$P_c = \left(\frac{5}{9}\right)^4 \cdot \left(\frac{4}{9}\right) = 0{,}04234 = 4{,}23\ \%$$

d) Alle fünf Spiele sind Gewinnspiele.

$$P_d = \left(\frac{4}{9}\right)^5 = 0{,}01734 = 1{,}73\ \%$$

3. Man erstellt aus den Angaben eine vollständige Vierfeldtafel. Die gegebenen Werte sind unterstrichen. A: Auswärtige J: Jungen

	A	$\bar{A}$	
J	0,30	0,45	<u>0,75</u>
$\bar{J}$	<u>0,10</u>	0,15	0,25
	<u>0,40</u>	0,60	1

Aus $\frac{1}{4} \cdot P(A) = 0{,}1 \Rightarrow P(A) = 0{,}4$

Gesucht ist der Anteil

$P[\bar{A} \cap J) \cup (A \cap \bar{J})] = 0{,}45 + 0{,}10 = 0{,}55 = 55\ \%$

102. 1. a) α) Am runden Tisch gibt es für n Personen (n – 1)! Möglichkeiten der Anordnung.

Es gibt (9 – 1)! = 8! = 40.320 Möglichkeiten.

β) Die vier Herren können auf 4!, die fünf Damen auf 5! Möglichkeiten angeordnet werden. Da es nicht wie bei einer langen Bank zwei Anfangsmöglichkeiten gibt, gilt:

Es gibt 4! · 5! = 2.880 Möglichkeiten.

γ) Von den 8! Möglichkeiten sind 4! bzw. 5! Möglichkeiten gleich.

Es gibt $\frac{8!}{4!\ 5!}$ = 14 Möglichkeiten.

b) Für eine bunte Reihe aus n Herren und n Damen an einem runden Tisch gilt

$$P_{(\text{bunte Reihe})} = \frac{n!\,(n-1)!}{(2n-1)!}.$$

$$\Rightarrow P_{(\text{bunte Reihe})} = \frac{4!\ 3!}{7!} = 0{,}0285 = 2{,}86\ \%$$

2. a) Die Wahrscheinlichkeit für mindestens eine berechnet man über die Gegenwahrscheinlichkeit zu keine von diesen Personen, die auf Placebos ansprechen.

$P_a = 1 - 0{,}6^4 = 1 - 0{,}1296 = 0{,}8704 = 87{,}04\ \%$

b) X gebe die Anzahl der Patienten an, die auf Placebos ansprechen. Die vier Personen lassen sich auf zehn Plätze verteilen. Es gilt:

$$P\,(X = 4) = \binom{10}{4}\ 0{,}4^4 \cdot 0{,}6^6 = 0{,}25082 = 25{,}08\ \%$$

c) Mit dem unter a) Gesagten gilt:

$$1 - 0{,}6^n > 0{,}999$$

$$0{,}6^n < 0{,}001$$

$$n \cdot \ln 0{,}6 < \ln 0{,}001$$

$$n > \frac{\ln 0{,}001}{\ln 0{,}6} = 13{,}52 \Rightarrow n \geq 14$$

Man muß mindestens 14 Personen untersuchen.

d) Z gebe die Anzahl der Placebos an. Es werden insgesamt acht aus 20 Tabletten ausgegeben, darunter vier aus den sechs Placebos und vier aus den 14 Beruhigungstabletten. Es gilt:

$$P\,(Z = 4) = \frac{\binom{6}{4} \cdot \binom{14}{4}}{\binom{20}{8}} = 0{,}11920 = 11{,}92\ \%$$

3. Aus einem vereinfachten Baumdiagramm mit A: A gewinnt usw. erhält man:

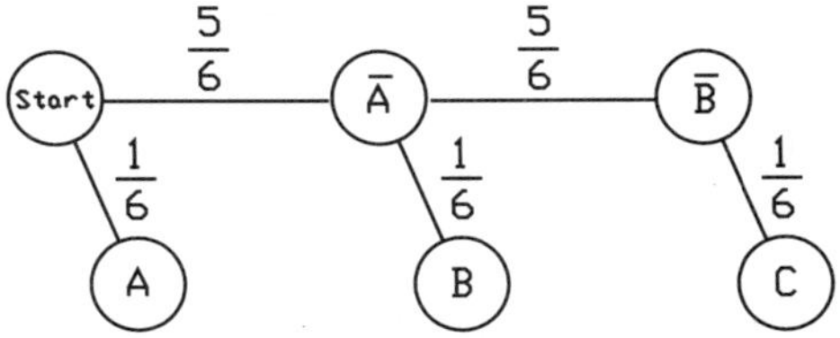

$$P\,(A) = \frac{1}{6}$$

$$P\,(B) = \frac{5}{6} \cdot \frac{1}{6}$$

$$P\,(C) = \frac{5}{6} \cdot \frac{5}{6} \cdot \frac{1}{6}$$

$$\Rightarrow P\,(A) : P\,(B) : P\,(C) = \frac{1}{6} : \frac{5}{36} : \frac{25}{216} = 36 : 30 : 25$$

$\Rightarrow$ Das Spiel ist nicht gerecht, da die Gewinnwahrscheinlichkeiten nicht gleich groß sind.

4. p = Wahrscheinlichkeit, daß die sieben Personen an verschiedenen Wochentagen Geburtstag haben. Für p gilt (siehe Lösung Aufgabe 37.)

$$p = \frac{7!}{7^7} = 0{,}00612$$

Gewinnerwartung für H: $(1 - p) \cdot 1$ DM = 0,994 DM

Gewinnerwartung der Gegenwette: $p \cdot 100$ DM = 0,612 DM

$\Rightarrow$ Die Wette ist für H günstig.

103. 1. a) $P(A_1) = 0{,}9^{15} = 0{,}20589 = 20{,}59\ \%$

A_2: Genau drei bestimmte Sicherungen sind defekt.

$P(A_2) = 0{,}1^3 \cdot 0{,}9^{12} = 0{,}00028 = 0{,}03\ \%$

A_3: Drei aus den 15 Sicherungen sind defekt, d. h. diese drei Sicherungen können auf 15 Plätze verteilt werden.

$$P(A_3) = \binom{15}{3}\ 0{,}1^3 \cdot 0{,}9^{12} = 0{,}12851 = 12{,}85\ \%$$

A_4: Da die dritte defekte Sicherung als 15. entnommen wird, können die restlichen zwei defekten Sicherungen noch auf 14 Plätze verteilt werden.

$$P(A_4) = \binom{14}{2}\ 0{,}1^3 \cdot 0{,}9^{12} = 0{,}02570 = 2{,}57\ \%$$

b) Aus P (mindesten ein ...) = 1 – P (kein ...) folgt:

$$1 - 0{,}9^n \geq 0{,}99$$

$$0{,}9^n \leq 0{,}01$$

$$n \cdot \ln 0{,}9 \leq \ln 0{,}01$$

$$n \geq \frac{\ln 0{,}01}{\ln 0{,}9} = 43{,}71 \Rightarrow n \geq 44$$

Mindestens 44 Sicherungen müssen entnommen werden.

2. a) Alle Sicherungen sind mit der Wahrscheinlichkeit $(1-p)^n$ in Ordnung, d. h. es gilt

$$(1-p)^{10} \geq 0{,}6$$

$$1-p \geq 0{,}6^{\frac{1}{10}}$$

$$p \leq 1-0{,}6^{\frac{1}{10}} = 0{,}04980 \approx 0{,}05$$

b) Nach a) gilt: P (alle in Ordnung) = 60 %

Z gebe die Anzahl der Zehnerpackungen ohne defekten Schalter an. Dann gilt:

$$P(Z=6) = \binom{10}{6} 0{,}6^6 \cdot 0{,}4^4 = 0{,}25082 = 25{,}08\ \%$$

3. Man zeichnet ein Baumdiagramm. Wegen der Unabhängigkeit und aus der Pfadregeln ergeben sich die folgenden Wahrscheinlichkeiten:

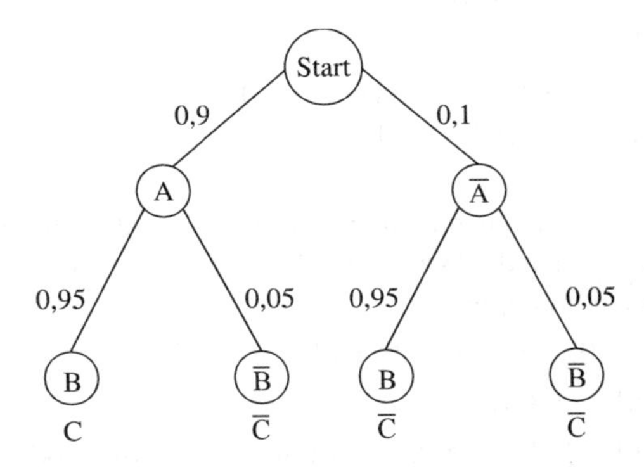

Wegen der Unabhängigkeit gilt:

$P_A(B) = P(B)$ bzw.

$P_{\overline{A}}(B) = P(B)$

a) $P(C) = P(A \cap B) = P(A) \cdot P(B) = 0{,}9 \cdot 0{,}95 = 0{,}855 = 85{,}5\ \%$

$\Rightarrow P(\overline{C}) = 0{,}145 = 14{,}5\ \%$

b) Es handelt sich in beiden Fällen um bedingte Wahrscheinlichkeiten unter der Vorbedingung, daß ein Gerät defekt ist, d. h. $\overline{C}$ eingetreten ist.

(α) $P_{\overline{C}}(\overline{A}) = \dfrac{P(\overline{A} \cap \overline{C})}{P(\overline{C})} = \dfrac{0{,}1}{0{,}145} = 0{,}68966 = 68{,}07\ \%$

$$(\beta) \quad P_{\bar{C}}\ [(\bar{A} \cap B) \cup (A \cap \bar{B})] = \frac{0{,}1 \cdot 0{,}95 + 0{,}9 \cdot 0{,}05}{0{,}145} = \frac{0{,}14}{0{,}145} =$$

$$= 0{,}96552 = 96{,}55\ \%$$

c) Auch hier handelt es sich um eine bedingte Wahrscheinlichkeit, die direkt aus der Definition berechnet werden kann. Möglich ist auch eine Berechnung nach der Formel von Bayes. Beide führen auf den gleichen Rechenausdruck.

$$P_{[(\bar{A} \cap B) \cup (A \cap \bar{B}]}(\bar{A}) = \frac{0{,}1 \cdot 0{,}95}{0{,}1 \cdot 0{,}95 + 0{,}9 \cdot 0{,}05} = 0{,}67857 =$$

$$= 67{,}86\ \%$$

104. 1. Es gilt $P_r = 0{,}6$; $P_b = 0{,}3$; $P_w = 0{,}1$

A: Die drei verschiedenen Farben können auf 3! verschiedene Arten angeordnet werden.

$P(A) = 3! \cdot 0{,}6 \cdot 0{,}3 \cdot 0{,}1 = 0{,}108 = 10{,}8\ \%$

$P(B) = 0{,}6^3 = 0{,}216 = 21{,}6\ \%$

$P(C) = P(\{rrr\}) + P(\{bbb\}) + P(\{www\}) = 0{,}6^3 + 0{,}3^3 + 0{,}1^3 =$
$= 0{,}216 + 0{,}027 + 0{,}001 = 0{,}244 = 24{,}4\ \%$

2. a) Zur Bestimmung der Wahrscheinlichkeitsverteilung der Zufallsgröße X, bestimmt man die Wahrscheinlichkeit der in der Anzeige sichtbaren Elementarereignisse.

$P(\{rrr\}) = 0{,}6^3 = 0{,}216$; $P(\{bbb\}) = 0{,}3^3 = 0{,}027$;

$P(\{www\}) = 0{,}1^3 = 0{,}001$

$P(\{w \cdot w\}) = 0{,}1^2 \cdot 0{,}9 = 0{,}009$, da anstelle des Punktes r oder b stehen können. Damit ergibt sich für die Zufallsgröße X folgende Verteilung:

x	100	50	20	10	0
P (X = x)	0,001	0,009	0,027	0,216	0,747

$P(X = 0) = 1 - (0{,}001 + 0{,}009 + 0{,}027 + 0{,}216) = 1 - 0{,}253 = 0{,}747$

b) P (Auszahlung) $= P(X > 0) = 0{,}001 + 0{,}009 + 0{,}027 + 0{,}216 =$
$= 0{,}253 = 25{,}3\ \%$

$\Rightarrow$ Behauptung

Wegen der Unabhängigkeit bleibt die Wahrscheinlichkeit immer gleich, d. h.

$P_{\text{Auszahlung}}$ (Auszahlung) = 0,253.

c) (α) Es darf nicht sein, daß der Automat fünfmal kein Geld auswirft, d. h. wir bekommen die gesuchte Wahrscheinlichkeit über die Gegenwahrscheinlichkeit

$$P_\alpha = 1 - (1 - 0{,}253)^5 = 1 - 0{,}747^5 = 1 - 0{,}23260 = 0{,}76740 = 76{,}74\ \%$$

(β) Von den 10 Möglichkeiten sind bereits vier Nichttreffer und zwei Treffer festgelegt. Der restliche dritte Treffer kann noch auf vier Plätze verteilt werden. Es gilt:

$$P_\beta = \binom{4}{1} \cdot 0{,}253^3 \cdot 0{,}747^7 = 0{,}00841 = 0{,}84\ \%$$

d) Mit Hilfe der Berechnungsformeln ergibt sich:

$$E(X) = \sum_i x_i \cdot P(X = x_i) = 100 \cdot 0{,}001 + 50 \cdot 0{,}009 + 20 \cdot 0{,}027 + 10 \cdot 0{,}216 = 3{,}25 \text{ (DM)}$$

$$\text{Var}(X) = E(X^2) - [E(X)]^2 = 100^2 \cdot 0{,}001 + 50^2 \cdot 0{,}009 + 20^2 \cdot 0{,}027 + 10^2 \cdot 0{,}216 - 3{,}25^2 = 54{,}3375$$

$$\sigma(X) = \sqrt{\text{Var}(X)} = 7{,}37 \text{ (DM)}$$

e) n = 1.000

E (Auszahlung) = 1.000 · 0,253 = 253
Man erwartet 253 Spiele mit Auszahlung

E (Auszahlung in DM) = 1.000 · 3,25 DM = 3.250 DM
Man erwartet eine Auszahlung von 3.250 DM

E (Gewinn in DM) = 1.000 · 3,25 DM – 1.000 · 5 DM = – 1.750 DM
Man erwartet einen Gewinn von – 1.750 DM, d. h. einen Verlust von 1.750 DM.

f) $\tilde{X}$ gebe die Auszahlung bei 1.000 Spielen an. Für $\tilde{X}$ gilt: $\tilde{X} = \sum_{i=1}^{1.000} X$

und damit $Var(\tilde{X}) = 1.000 \cdot Var(X) = 54.337{,}5$.
Der Ansatz nach Tschebyschow liefert

$$P(|\tilde{X} - \mu| \geq c) \leq \frac{Var\,\tilde{X}}{c^2} \leq 0{,}1$$

$$\Rightarrow c \geq \sqrt{\frac{Var\,\tilde{X}}{0{,}1}} = \sqrt{\frac{54.337{,}5}{0{,}1}} = 737{,}14 \text{ DM} \Rightarrow c \geq 738 \text{ DM}$$

3. Der Apparat wird beanstandet, wenn 20 oder weniger Auszahlungen erfolgen. Gibt Y die Anzahl der Auszahlungen an, so ist Y binomialverteilt mit $p = 0{,}25$ und $n = 100$. Die Binomialverteilung ist tabelliert.

   $P(Y \leq 20) = B_{0,25}^{100}(Y \leq 20) = 0{,}14883 = 14{,}88\ \%$

   Mit einer Wahrscheinlichkeit von 14,88 % wird der Apparat fälschlicherweise beanstandet, obwohl er den Anforderungen genügt.

105. 1. a) Die Zufallsgröße Z gebe die Augenzahl beim einmaligen Wurf an. Es gilt:

z	1	2	3	4	5
P (Z = z)	0,5	0,2	0,1	0,1	0,1

b) Aus der Tabelle zu 1.1. erhält man die Wahrscheinlichkeiten für die Ereignisse A und B.

$A = \{2, 4\} \Rightarrow P(A) = 0{,}3$

$B = \{1, 2, 3\} \Rightarrow P(B) = 0{,}8$

c) $A \cap B = \{2\} \neq \varnothing \Rightarrow$ A, B sind nicht unvereinbar

$P(A \cap B) = P(\{2\}) = 0{,}2 \neq P(A) \cdot P(B) = 0{,}24$

$\Rightarrow$ A, B sind stochastisch abhängig

d) (1) $P(\{1, 2, 3\}) = 0{,}5 \cdot 0{,}2 \cdot 0{,}1 = 0{,}01$

Mit einer Wahrscheinlichkeit von 1 % erhält man die Reihenfolge 1, 2, 3.

(2) Die Zahlen 1, 2, 3 lassen sich auf 3! Arten anordnen, d.h. P (bel. Reihenfolge) $= 3! \cdot P(\{1, 2, 3\}) = 6 \cdot 0{,}01 = 0{,}06$

Mit einer Wahrscheinlichkeit von 6 % erhält man die Zahlen 1, 2, 3 in beliebiger Reihenfolge.

e) Die Zufallsgröße Z' gebe die Anzahl der Fünfer an. Z' ist binomialverteilt mit p = 0,1. Es gilt:

$P(Z' \geq 1) = 1 - P(Z' = 0) > 0{,}95$

$$1 - 0{,}9^n > 0{,}95$$

$$0{,}9^n < 0{,}05$$

$$n \cdot \ln 0{,}9 < \ln 0{,}05$$

$$n > \frac{\ln 0{,}05}{\ln 0{,}9} = 28{,}43 \Rightarrow n \geq 29$$

Mindestens 29 Würfe sind nötig.

f) Die Zufallsgröße Z'' gebe die Anzahl der Zweier an. Z'' ist binomialverteilt mit n = 50 und p = 0,2. Es gilt:

$$P(Z'' \geq 8) = 1 - P(Z'' \leq 7) = 1 - B_{0,2}^{50}(Z'' \leq 7) = 1 - 0{,}19041 = 0{,}80959$$

Mit einer Wahrscheinlichkeit von 80,96 % tritt die Zahl 2 bei 50 Würfen mindestens achtmal auf.

g) $H_0 : p_0 = 0{,}1$; $A = [7; 13]$; $\bar{A} = [0; 6] \cup [14; 100]$

H_0 wird abgelehnt, wenn sich ein Ergebnis aus $\bar{A}$ einstellt.

$\alpha = P(Z' \leq 6) + P(Z' \geq 14) = P(Z' \leq 6) + 1 - P(Z' \leq 13) =$

$$B_{0,1}^{100}(Z' \leq 6) + 1 - B_{0,1}^{100}(Z' \leq 13) = 0{,}11716 + 1 - 0{,}87612 = 0{,}24104$$

Mit einer Wahrscheinlichkeit von 24,10 % wird die Laplace-Annahme verworfen.

h) $H_0 : p_0 = 0{,}1$; $A = [k_1; k_2]$; $\bar{A} = [0; k_1 [\cup] k_2; 1.000]$; $n = 1000$

$\alpha = P(Z' < k_1) + P(Z' > k_2)$

Das Signifikanzniveau 5 % wird bei einem zweiseitigen Test gleichmäßig auf die beiden Intervalle aufgeteilt, d.h.

$P(Z' < k_1) \leq 0{,}025 \qquad P(Z' > k_2) \leq 0{,}025$

Näherung mit Moivre-Laplace:

$\mu = n \cdot p_0 = 1.000 \cdot 0{,}1 = 100; \quad \sigma = \sqrt{n \cdot p_0 \cdot (1 - p_0)} = \sqrt{90} = 9{,}49$

$P(Z' < k_1) \leq 0{,}025 \qquad P(Z' > k_2) = 1 - P(Z' \leq k_2) \leq 0{,}025$

$\Phi\left(\dfrac{k_1 - 100 - 0{,}5}{9{,}49}\right) \leq 0{,}025 \qquad \Phi\left(\dfrac{k_2 - 100 + 0{,}5}{9{,}49}\right) \geq 0{,}975$

$\dfrac{k_1 - 100 - 0{,}5}{9{,}49} \leq -1{,}96 \qquad \dfrac{k_2 - 100 + 0{,}5}{9{,}49} \geq -1{,}96$

$k_1 \leq -1{,}96 \cdot 9{,}49 + 100 + 0{,}5 \quad k_2 \geq 1{,}96 \cdot 9{,}49 + 100 - 0{,}5$

$k_1 \leq 81{,}45 \qquad k_2 \geq 118{,}10$

Die Laplace-Annahme wird auf dem 5 %-Signifikanzniveau nicht verworfen, wenn die Anzahl der Fünfer im Intervall A = [81; 119] liegt.

2. a) Für jede der fünf Stellen sind fünf Zahlen möglich, d.h. es gibt 5^5 = 3.125 verschiedene Zahlen.

   b) P (lauter gleiche Ziffern) = $0{,}5^5 + 0{,}2^5 + 3 \cdot 0{,}1^5 = 0{,}0316$

   Mit einer Wahrscheinlichkeit von 3,16 % erhält man lauter gleiche Ziffern.

   c) (1) $P(\{11223\}) = 0{,}5^2 \cdot 0{,}2^2 \cdot 0{,}1 = 0{,}001$

   Mit der Wahrscheinlichkeit 1 ‰ tritt die Zahl 11223 auf.

   (2) P (verschieden Ziffern) = $5! \cdot 0{,}5 \cdot 0{,}2 \cdot 0{,}1 \cdot 0{,}1 \cdot 0{,}1 = 0{,}012$

   Mit einer Wahrscheinlichkeit von 1,2 % treten lauter verschiedene Ziffern auf.

3. a) Da die Würfe unabhängig voneinander sind, gilt z. B. $P(X = 1 + 2) = P(X = 1) \cdot P(X = 2)$. Als Augensummen treten die Werte von 2 bis 10 auf.

x	2	3	4	5	6
P (X = x)	0,25	0,20	0,14	0,14	0,15

x	7	8	9	10
P (X = x)	0,06	0,03	0,02	0,01

$E(X) = \sum x \cdot P(X = x) = 4{,}2$

$Var(X) = E(X^2) - [E(X)]^2 = 21{,}42 - 4{,}2^2 = 3{,}78$

$\sigma(X) = \sqrt{Var(X)} = 1{,}94$

b) Ein Glücksspiel ist fair, wenn die Gewinnerwartung pro Spiel dem Einsatz pro Spiel entspricht. Für das angegebene Glücksspiel gilt:

$E(\text{Gewinn}) - \text{Einsatz} = 100 \cdot 0{,}01 \text{ DM} + 10 \cdot 0{,}02 \text{ DM} - 2 \text{ DM} =$

$= -0{,}80 \text{ DM}$

$\Rightarrow$ Das Spiel ist nicht fair, da man im Mittel pro Spiel 0,80 DM verliert.

c) Die Zufallsgröße G gebe die Anzahl der Gewinne an. G ist binomialverteilt mit n = 200 und p = 0,03.

(1) $P(G \geq 5) = 1 - P(G \leq 4) = 1 - B_{0,03}^{200}(G \leq 4) = 1 - 0{,}28098 =$

$= 0{,}71912$

Mit einer Wahrscheinlichkeit von 71,91 % gewinnt man mindestens fünfmal.

(2) $P(G \leq 10) = B_{0,03}^{200}(G \leq 10) = 0{,}95987$

Mit einer Wahrscheinlichkeit von ca. 96 % gewinnt man höchstens zehnmal.

d) Die Zufallsgröße X' gebe die Anzahl des Auftretens der Augensumme 3 an. X' ist binomialverteilt mit n = 500 und p = 0,2.

(1) $E(X') = n \cdot p = 500 \cdot 0{,}2 = 100$

Die Augensumme 3 wird 100 mal erwartet.

(2) Symmetrischer Bereich um den Erwartungwert $\mu = 100$:

$|X' - 100| < a$, d. h. $]100 - a; 100 + a[$

(α) $P(|X' - 100| < a) \geq 1 - \frac{\text{Var } X'}{a^2} = 0{,}95$ mit

$\text{Var}(X') = n \cdot p \cdot (1 - p) = 80$ und $\sigma(X) = \sqrt{80} = 8{,}94$

$1 - \frac{80}{a^2} = 0{,}95 \Rightarrow \frac{80}{a^2} = 0{,}05 \Rightarrow a^2 = \frac{80}{0{,}05} = 1.600 \Rightarrow a = 40$

Man erwartet nach Tschebyschow die Anzahl der Dreier im Intervall]60; 140 [= [61; 139].

(β) Berechnung mit Hilfe der Normalverteilung

$P(100 - a < X' < 100 + a) \approx \Phi\left(\frac{100 + a - 100}{8{,}94}\right) -$

$\Phi\left(\frac{100 - a - 100}{8{,}94}\right) = 2 \cdot \Phi\left(\frac{a}{8{,}94}\right) - 1 = 0{,}95$

$\Phi\left(\frac{a}{8{,}94}\right) = 0{,}975 \Rightarrow \frac{a}{8{,}94} = 1{,}96 \Rightarrow a = 17{,}52$

Mit Hilfe der Normalverteilung erwartet man die Anzahl der Dreier im Intervall]82; 118[= [83; 117].

Bei Verwendung der Näherung von Moivre-Laplace erhält man das Intervall [82; 118]

106. 1. a) Wir verwenden: 1: Schraube in Ordnung 0: Schraube defekt

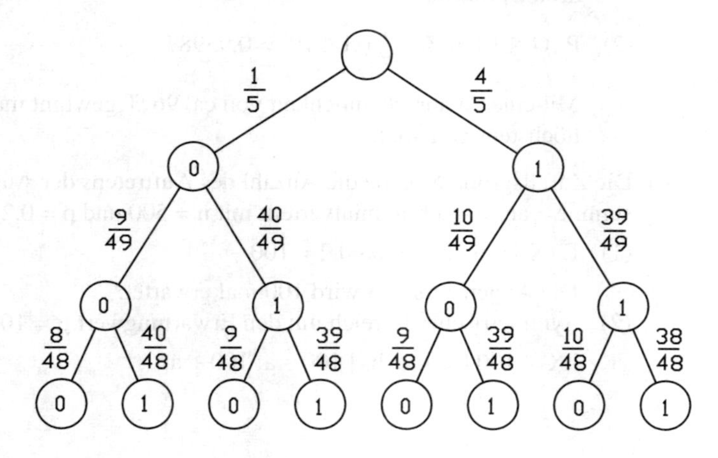

A = {000, 001, 010, 100}

$$P(A) = \frac{1}{5} \cdot \frac{9}{49} \cdot \frac{8}{48} + \frac{1}{5} \cdot \frac{40}{48} \cdot \frac{9}{49} + \frac{1}{5} \cdot \frac{40}{49} \cdot \frac{9}{48} + \frac{4}{5} \cdot \frac{10}{48} \cdot \frac{9}{48} = 0{,}09796$$

Mit einer Wahrscheinlichkeit von 9,80 % sind mindestens zwei Schrauben defekt.

$B = \Omega \setminus \{000\}$

$$P(B) = 1 - P(\{000\}) = 1 - \frac{1}{5} \cdot \frac{9}{49} \cdot \frac{8}{48} = 0{,}99388$$

Mit einer Wahrscheinlichkeit von 99,39 % ist mindestens eine Schraube in Ordnung.

b) $A \cap B = \{001, 010, 100\}$: Genau eine Schraube ist in Ordnung.

$P(A \cap B) = 0{,}09184$; $P(A) \cdot P(B) = 0{,}09736$

$P(A \cap B) \neq P(A) \cdot P(B) \Rightarrow$ A und B sind stochastisch abhängig.

2. a) Man erhält sicher drei Schrauben, die in Ordnung sind:

$P(E_1) = 0{,}8^3 = 0{,}512$

Mit einer Wahrscheinlichkeit von 51,2 % tritt das Ereignis E_1 ein.

b) Es gilt:

$P(E_2) = \binom{7}{2} \cdot 0{,}8^6 \cdot 0{,}2^4 = 0{,}00881$, da nur noch zwei Schrauben auf sieben Plätze verteilt werden können.

Mit einer Wahrscheinlichkeit von 0,88 % tritt das Ereignis E_2 ein.

c) Die Zufallsgröße X sei die Anzahl der defekten Schrauben.

X ist binomial verteilt mit $p = 0{,}2$. Es gilt:

$P(X \geq 1) = 1 - P(X = 0) > 0{,}9$

$$\begin{aligned}
1 - B^n_{0,2}(X = 0) &> 0{,}9 \\
1 - 0{,}8^n &> 0{,}9 \\
0{,}8^n &< 0{,}1 \\
n \cdot \ln 0{,}8 &< \ln 0{,}1 \\
n &> \frac{\ln 0{,}1}{\ln 0{,}8} = 10{,}31 \Rightarrow n \geq 11
\end{aligned}$$

Man muß mindestens 11 Schrauben entnehmen.

d) X' sei die Anzahl der Schrauben, die in Ordnung sind.

X' ist binomial verteilt mit $p = 0{,}8$ und $n = 20$. Es gilt:

$$P(X' \geq 15) = 1 - P(X' \leq 14) = 1 - B_{0,8}^{20}(X' \leq 14) = 0{,}80421$$

Mit einer Wahrscheinlichkeit von 80,42 % sind mindestens 15 Schrauben in Ordnung.

3. Z sei die Anzahl der defekten Flügelschrauben.

a) Z ist binomial verteilt mit $p = 0{,}15$ und $n = 50$. Der Kontrolleur trifft genau dann eine Fehlentscheidung, wenn sich 10 oder mehr defekte Schrauben in der Stichprobe befinden, weil er dann fälschlicherweise die Nullhypothese $H_0 : p_0 = 0{,}15$ ablehnt. Er trifft also eine Fehlentscheidung mit der Wahrscheinlichkeit

$$\alpha = B_{0,15}^{50}(Z \geq 10) = 1 - B_{0,15}^{50}(Z \leq 9) = 1 - 0{,}79109 = 0{,}20891$$

Mit einer Wahrscheinlichkeit von 20,89 % trifft der Kontrolleur eine Fehlentscheidung.

b) Der Kontrolleur bleibt bei seiner Meinung, wenn sich ein Stichprobenergebnis aus dem Annahmebereich $A = [0; 9]$ der Nullhypothese H_0 einstellt. Er trifft also eine Fehlentscheidung mit der Wahrscheinlichkeit

$$\beta = B_{0,25}^{50}(Z \leq 9) = 0{,}16368$$

Mit einer Wahrscheinlichkeit von 16,37 % bleibt er bei seiner ursprünglichen (aber falschen) Meinung.

4. Die Zufallsgröße Y sei die Anzahl der defekten Flügelschrauben. Y ist binomial verteilt mit $p = 0{,}15$. Für die Annahme der Sendung gilt dann:

$$P(\text{Annahme}) = B_{0,15}^{10}(Y \leq 1) + B_{0,15}^{10}(Y = 2) \cdot B_{0,15}^{10}(Y = 0) =$$

$$= 0{,}54430 + 0{,}27590 \cdot 0{,}19687 = 0{,}59862$$

Die Sendung wird mit einer Wahrscheinlichkeit von 59,86 % angenommen.

107. 1. Die Zufallsgröße Z sei die Anzahl der Buchungen.

a) (1) Z ist binomial verteilt mit p = 0,8 und n = 20. Es gilt:

$$P(Z = 16) = B_{0,8}^{20}(Z = 16) = 0{,}21820$$

Mit einer Wahrscheinlichkeit von 21,82 % sind unter den nächsten zwanzig Buchungen genau 16 für S.

(2) Z ist binomial verteilt mit p = 0,8 und n = 100. Es gilt:

$$P(Z \geq 75) = 1 - P(Z \leq 74) = 1 - B_{0,8}^{100}(Z \leq 74) = 0{,}91252$$

Mit einer Wahrscheinlichkeit von 91,25 % sind unter den nächsten 100 Buchungen mindestens 75 für S.

b) Z ist binomial verteilt mit p = 0,2. Es gilt:

$$P(Z \geq 1) = 1 - P(Z = 0) > 0{,}99$$

$$\begin{aligned} 1 - 0{,}8^n &> 0{,}99 \\ 0{,}8^n &< 0{,}01 \\ n \cdot \ln 0{,}8 &< \ln 0{,}01 \\ n &> \frac{\ln 0{,}01}{\ln 0{,}8} = 20{,}64 \Rightarrow n \geq 21 \end{aligned}$$

Es müssen mindestens 21 Buchungen vorgenommen werden.

2. Die Zufallsgröße Z' sei die Anzahl der Besucher. Z' ist binomial verteilt mit p = 0,75. Es muß gelten:

$$B_{0,75}^{n}(Z' \leq 46) \geq 0{,}90$$

Mit $\mu = n \cdot p = 0{,}75\,n$ und $\sigma = \sqrt{n \cdot p\,(1 - p)} = \sqrt{0{,}25 \cdot 0{,}75 \cdot n} = 0{,}433\sqrt{n}$ und der Näherung von Moivre-Laplace mit der Normalverteilung erhält man:

$$B_{0,75}^{n}(Z' \leq 46) \geq 0{,}90$$

$$\Phi\left(\frac{46 - 0{,}75\,n + 0{,}5}{0{,}433\sqrt{n}}\right) \geq 0{,}90$$

$$\frac{46 - 0{,}75\,n + 0{,}5}{0{,}433\sqrt{n}} \geq 1{,}2816$$

$$46 - 0{,}75\,n + 0{,}5 \geq 0{,}555\sqrt{n}$$

$0{,}75\ n + 0{,}555\ \sqrt{n} - 46{,}5 \leq 0$

Die quadratische Gleichung $0{,}75\ n + 0{,}555\ \sqrt{n} - 46{,}5 = 0$ in $\sqrt{n}$ hat die

Lösungen $\sqrt{n} = \frac{1}{1{,}5}\left(-0{,}555 \pm \sqrt{0{,}555^2 + 139{,}5}\right)$

Die Lösung, die in Frage kommt, ist $\sqrt{n} = 7{,}51 \Rightarrow n = 56{,}40$

Es dürfen höchstens 56 Besucher das Reisebüro besuchen.

3. a) Die Zufallsgröße F gebe die Anzahl der Personen an, die zum gebuchten Flug erscheinen. F ist binomial verteilt mit $p = 0{,}92$. Es muß gelten:

$P\ (F > 330) = B^n_{0{,}92}\ (F > 330) \leq 0{,}01$

$1 - B^n_{0{,}92}\ (F \leq 330) \leq 0{,}01$

$B^n_{0{,}92}\ (F \leq 330) \geq 0{,}99$

Mit $\mu = n \cdot p = 0{,}92\ n$ und $\sigma = \sqrt{n \cdot p\ (1 - p)} = \sqrt{0{,}92 \cdot 0{,}08 \cdot n} = 0{,}27\ \sqrt{n}$ und der Näherung von Moivre-Laplace mit der Normalverteilung erhält man:

$$\Phi\left(\frac{330 - 0{,}92\ n + 0{,}5}{0{,}27\ \sqrt{n}}\right) \geq 0{,}99$$

$$\frac{330 - 0{,}92\ n + 0{,}5}{0{,}27\ \sqrt{n}} \geq 2{,}3264$$

$330 - 0{,}92\ n + 0{,}5 \geq 0{,}63\ \sqrt{n}$

$92\ n + 0{,}63\ \sqrt{n} - 330{,}5 \leq 0$

Wie unter 2. erhält man eine quadratische Gleichung für $\sqrt{n}$ mit der Lösung $\sqrt{n} = 18{,}61 \Rightarrow n = 346{,}49 \Rightarrow$

Es dürfen höchstens 346 Buchungen angenommen werden.

b) Die Zufallsgröße K_1 sei die Anzahl der Käufer von A, K_2 die Anzahl der Käufer von B.

K_1 ist binomial verteilt mit $p = 0{,}5$ und $n = 330$, K_2 ist binomial verteilt mit $p = 0{,}2$ und $n = 330$.

Für die Käufer von A gilt:

$P\ (K_1 \leq k_1) \geq 0{,}95$

Mit $\mu = n \cdot p = 165\ n$ und $\sigma = \sqrt{n \cdot p\ (1 - p)} = \sqrt{330 \cdot 0{,}5 \cdot 0{,}5} =$ 9,08 und der Näherung von Moivre-Laplace mit der Normalverteilung erhält man:

$$\Phi \left(\frac{k_1 - 165\ n + 0{,}5}{9{,}08} \right) \geq 0{,}95$$

$$\frac{k_1 - 165\ n + 0{,}5}{9{,}08} \geq 1{,}6449 \Rightarrow k_1 \geq 179{,}4 \Rightarrow k_1 \geq 180$$

Es müssen mindestens 180 Flaschen des Alkoholgetränkes A an Bord gebracht werden.

Für die Käufer von B gilt:

$P\ (K_2 \leq k_2) \geq 0{,}95$

Mit $\mu = n \cdot p = 66$ und $\sigma = \sqrt{n \cdot p\ (1 - p)} = \sqrt{330 \cdot 0{,}2 \cdot 0{,}8} = 7{,}266$ der Näherung von Moivre-Laplace mit der Normalverteilung erhält man:

$$\Phi \left(\frac{k_2 - 66 + 0{,}5}{7{,}266} \right) \geq 0{,}95$$

$$\frac{k_2 - 66 + 0{,}5}{7{,}266} \geq 1{,}6449 \Rightarrow k_2 \geq 77{,}45 \Rightarrow k_2 \geq 78$$

Es müssen mindestens 78 Flaschen Parfüm der Marke B an Bord gebracht werden.

4. Die Zufallsgröße T sei die Anzahl der Regentage. T ist binomial verteilt mit $p = 0{,}01$ und $n = 21$. Es gilt:

$$P\ (T = 0) = B_{0{,}01}^{21}\ (T = 0) = \binom{21}{0} \cdot 0{,}01^0 \cdot 0{,}99^{21} = 0{,}80973$$

oder

Wegen des "seltenen" Ereignisses nehmen wir die Poissonverteilung als Näherung der Binomialverteilung. Mit $\mu = n \cdot p = 21 \cdot 0{,}01 = 0{,}21$ gilt:

$$B_{0{,}01}^{21}\ (T = 0) = P_{0{,}21}\ (T = 0) = \frac{0{,}21^{\circ}}{0!}\, e^{-0{,}21} = e^{-0{,}21} = 0{,}81058$$

Mit einer Wahrscheinlichkeit von 81 % erlebt K keinen Regentag während seines Urlaubes.

5. 1. Klimaanlage: 2 Kondensatoren

Die Zufallsgröße Z_1 gebe die Anzahl der intakten Kondensatoren an. Z_1 ist binomial verteilt mit n = 2. Es gilt:

$P(Z_1 \geq 1) = 1 - P(Z_1 = 0) = 1 - (1-p)^2 = 1 - q^2$

2. Klimaanlage: 4 Kondensatoren

Die Zufallsgröße Z_2 gebe die Anzahl der intakten Kondensatoren an. Z_2 ist binomial verteilt mit n = 4. Es gilt:

$$P(Z_2 \geq 2) = 1 - P(Z_2 \leq 1) = 1 - \binom{4}{0} p^0 (1-p)^4 - \binom{4}{1} p^1 (1-p)^3 =$$

$$= 1 - q^4 - 4(1-q)q^3$$

Nach Voraussetzung muß gelten:

$1 - q^2 > 1 - q^4 - 4(1-q)q^3$

$-q^2 > -q^4 - 4q^3 + 4q^4$

$3q^4 - 4q^3 + q^2 < 0$

$q^2(3q^2 - 4q + 1) < 0$

$q^2(q-1)(3q-1) < 0$

Für $\frac{1}{3} < q < 1$ ist die Anlage mit den zwei Kondensatoren vorzuziehen.

Für die Ausfallwahrscheinlichkeit $\frac{1}{3}$ sind beide Anlagen gleichwertig.

6. a) Aus der Definition der Erwartungswerte erhält man:

$$E(X) = \sum x_i \cdot P(X = x_i) =$$

$$= 1 \cdot 0{,}35 + 4 \cdot 0{,}3 + 7 \cdot 0{,}2 + 10 \cdot 0{,}15 = 4{,}45$$

$$E(Y) = \sum y_k \cdot P(Y = y_k) = 2 \cdot 0{,}5 + 4 \cdot 0{,}4 + 6 \cdot 0{,}1 = 2{,}8$$

Die Varianzen berechnen wir über den Verschiebungssatz:

$$\mathrm{Var}(X) = E(X^2) - [E(X)]^2 =$$

$$= 1 \cdot 0{,}35 + 16 \cdot 0{,}3 + 49 \cdot 0{,}2 + 100 \cdot 0{,}15 - 4{,}45^2 =$$

$$= 10{,}1475$$

$$\mathrm{Var}(X) = E(Y^2) - [E(Y)]^2 = 4 \cdot 0{,}5 + 9 \cdot 0{,}4 + 36 \cdot 0{,}1 - 2{,}8^2 =$$

$$= 1{,}36$$

b) Für <u>alle</u> Zufallsgrößen X gilt stets (bei Verwendung der Normalverteilung):

$$P(|X-\mu| \leq \sigma) = P(\mu - \sigma \leq X \leq \mu + \sigma) \approx \Phi\left(\frac{\mu+\sigma-\mu}{\sigma}\right) - \Phi\left(\frac{\mu-\sigma-\mu}{\sigma}\right) = \Phi(1) - \Phi(-1) = \Phi(1) - (1 - \Phi(1)) =$$

$$2 \cdot \Phi(1) - 1 = 2 \cdot 0{,}84134 - 1 = 0{,}68268$$

d. h. unabhängig vom Inhalt weicht die Anzahl vom Erwartungswert um höchsten $1 \cdot \sigma$ mit einer Wahrscheinlichkeit von 68,27 % ab.

c) Für die standardisierte Zufallsgröße $\tilde{Y}$ gilt: $\tilde{Y} = \dfrac{Y - E(Y)}{\sigma(Y)}$

$$\tilde{y}_1 = \frac{2-2{,}8}{1{,}17} = 0{,}684; \quad \tilde{y}_2 = \frac{3-2{,}8}{1{,}17} = 0{,}171; \quad \tilde{y}_3 = \frac{6-2{,}8}{1{,}17} = 2{,}735$$

Damit bekommt man tabellarisch folgende Verteilung von Y:

$\tilde{Y}_k$	− 0,684	0,171	2,735
$P(\tilde{Y} = \tilde{y}_k)$	0,5	0,4	0,1

d) Wegen der Unabhängigkeit der Zufallsgrößen X und Y gilt für die gemeinsame Wahrscheinlichkeitsfunktion:

$$W_{XY}: (X, Y) \mapsto P(X = x_i \wedge Y = y_k) = P(X = x_i) \cdot P(Y = y_k)$$

y_k \ x_i	1	4	7	10
2	0,175	0,150	0,100	0,075
3	0,140	0,120	0,080	0,060
6	0,036	0,030	0,020	0,015

Die beliebteste Kombination (x | y) = (1 | 2) tritt mit einer Wahrscheinlichkeit von 17,5 % auf.

108. 1. Wir zeichnen ein Baumdiagramm mit folgenden Bezeichnungen:

G: Bewerber ist geeignet

T: Bewerber wird als geeignet eingestuft

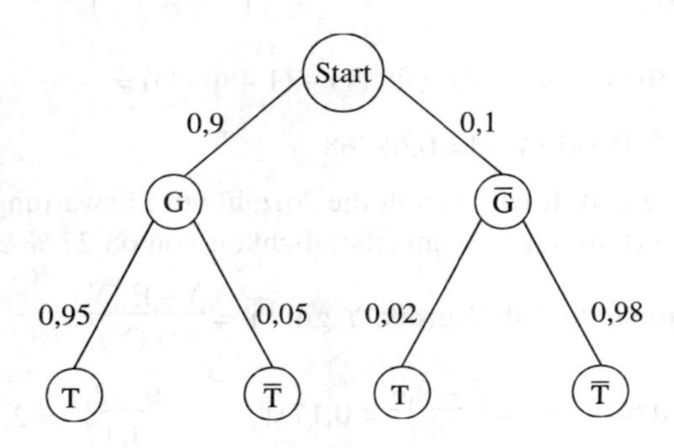

a) Mit Hilfe der beiden Pfadregeln erhält man:

$P(T) = 0{,}9 \cdot 0{,}95 + 0{,}1 \cdot 0{,}02 = 0{,}855 + 0{,}002 = 0{,}857$

Mit einer Wahrscheinlichkeit von 85,7 % wird ein Bewerber als geeignet eingestuft.

b) Aus der Definition der bedingten Wahrscheinlichkeit ergibt sich:

$$P_{\overline{T}}(G) = \frac{P(G \cap \overline{T})}{P(\overline{T})} = \frac{0{,}9 \cdot 0{,}05}{1 - 0{,}857} = 0{,}31469$$

Mit einer Wahrscheinlichkeit von 31,47 % ist ein Bewerber geeignet, obwohl er als ungeeignet eingestuft wurde.

2. a) (1) Die Zufallsgröße Z sei die Anzahl der Treffer. Z ist binomial verteilt mit $p = 0{,}2$ und $n = 10$. Es gilt:

$$P(U) = P(Z = 3) = B_{0{,}20}^{10}(Z = 3) = 0{,}20133$$

Mit einer Wahrscheinlichkeit von 20,13 % trifft K dreimal.

(2) Da der dritte Treffer im zehnten Versuch festliegt, können die restlichen beiden Treffer auf die ersten neun Plätze verteilt werden. Es gilt:

$$P(V) = \binom{9}{2} \cdot 0{,}2^3 \cdot 0{,}8^7 = 0{,}06040$$

Mit einer Wahrscheinlichkeit von 6,04 % trifft K beim zehnten Versuch zum dritten Mal.

b) Da $U \cap V = V$ und $P(U) \neq 1$ gilt, folgt:

$P(U \cap V) = P(V) \neq P(U) \cdot P(V) \Rightarrow$

Die Ereignisse U und V sind stochastisch abhängig.

c) Die Zufallsgröße Z sei wieder die Anzahl der Treffer.

Z ist binomial verteilt mit $p = 0{,}2$. Es gilt:

$$\begin{aligned} P(Z \geq 1) = 1 - P(Z = 0) &> 0{,}95 \\ 1 - 0{,}8^n &> 0{,}95 \\ 0{,}8^n &< 0{,}05 \\ n \cdot \ln 0{,}8 &< \ln 0{,}05 \\ n &> \frac{\ln 0{,}05}{\ln 0{,}8} = 13{,}43 \Rightarrow n \geq 14 \end{aligned}$$

K muß mindestens 14 Versuche ausführen.

3. a) (1) Die Zufallsgröße X kann die Werte 0, 1 oder 2 annehmen.

X ist hypergeometrisch verteilt. Es gilt:

$$P(X = 0) = \frac{\binom{2}{0} \cdot \binom{3}{2}}{\binom{5}{2}} = 0{,}3$$

$$P(X = 1) = \frac{\binom{2}{1} \cdot \binom{3}{1}}{\binom{5}{2}} = 0{,}6$$

$$P(X = 2) = \frac{\binom{2}{2} \cdot \binom{3}{0}}{\binom{5}{2}} = 0{,}1$$

Für die Wahrscheinlichkeitsverteilung der Zufallsgröße X gilt in tabellarischer Übersicht:

x_i	0	1	2
$P(X = x_i)$	0,3	0,6	0,1

Den Erwartungswert berechnen wir über die Definition

$$E(X) = \sum_{i=1}^{3} x_i \cdot P(X = x_i) = 0 \cdot 0{,}3 + 1 \cdot 0{,}6 + 2 \cdot 0{,}1 = 0{,}8$$

(2) 1. $P(E) = \sum_{i=0}^{2} P_{X=i}(E) \cdot P(X = i) =$

$$= 0{,}9 \cdot 0{,}3 + 0{,}5 \cdot 0{,}6 + 0{,}3 \cdot 0{,}1 = 0{,}6$$

Der Test kann nur mit einer Wahrscheinlichkeit von 60 % bestanden werden.

2. Gesucht ist die bedingte Wahrscheinlichkeit $P_E(X = 0)$. Diese bedingte Wahrscheinlichkeit kann mit Hilfe der Formel von Bayes berechnet werden. Es gilt:

$$P_E(X = 0) = \frac{P_{X=0}(E) \cdot P(X = 0)}{P(E)} = \frac{0{,}9 \cdot 0{,}3}{0{,}6} = 0{,}45$$

Mit einer Wahrscheinlichkeit von 45 % ist er nur von Prüfern des Arbeitgebersverbandes geprüft worden.

b) (1) 1. Mit den Gesetzen der Mengenalgebra gilt:

$$\overline{(A \cup \overline{B})} \cup \overline{(\overline{A} \cup \overline{B})} = (\overline{A} \cap B) \cup (A \cap B)$$

$$= (\overline{A} \cup A) \cap B = \Omega \cap B = B$$

2. Durch Anwenden der Gesetze der Mengenalgebra erhält man:

$$P(A \cap B) = P(A \cup B) - P(\overline{A} \cap B) - P(A \cap \overline{B}) =$$
$$= 0{,}8 - 0{,}3 - 0{,}4 = 0{,}1$$

$$P(A) = P(A \cap \overline{B}) + P(A \cap B) = 0{,}4 + 0{,}1 = 0{,}5$$

$$P(B) = P(\bar{A} \cap B) + P(A \cap B) = 0{,}3 + 0{,}1 = 0{,}4$$

$$P(\bar{A} \cup B) = P(\bar{A}) + P(B) - P(\bar{A} \cap B) =$$
$$= 0{,}5 + 0{,}4 - 0{,}3 = 0{,}6$$

$$P(\bar{A} \cap \bar{B}) = P(\bar{A}) + P(\bar{B}) - P(\bar{A} \cup \bar{B}) =$$
$$= 0{,}5 + 0{,}6 - 0{,}9 = 0{,}2$$

oder durch Ablesen aus dem zugehörigen Mengendiagramm

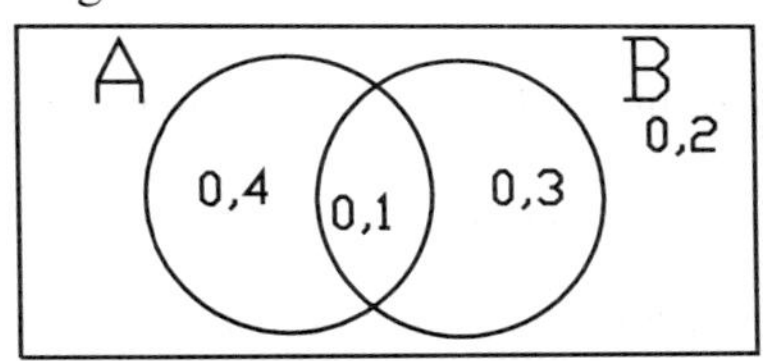

oder durch Ablesen aus der zugehörigen Vierfeldertafel

	B	B	
A	0,1	0,4	0,5
A	0,3	0,2	0,5
	0,4	0,6	

(2) 1. Mit $P(Y = 1) = P(Y = 2) = p$ und der Definition des Erwartungswertes gilt:

$$E(Y) = p + 2p + 3 \cdot 0{,}4 = 1{,}65$$
$$3p = 0{,}45$$
$$p = 0{,}15$$

Damit ergeben sich: $P(Y = 1) = P(Y = 2) = 0{,}15$;
$P(Y = 0) = 0{,}3$

Die Varianzen berechnen wir mit Hilfe des Verschiebungssatzes:

$$Var(Y) = E(Y^2) - [E(Y)]^2 =$$
$$= 1 \cdot 0{,}15 + 4 \cdot 0{,}15 + 9 \cdot 0{,}4 - 1{,}65^2 = 1{,}6275$$

$$\sigma(Y) = \sqrt{Var(Y)} = 1{,}28$$

2. Mit den Eigenschaften für Erwartungswert, Varianz und Standardabweichung ergibt sich:

   $E(2Y + 4) = E(2Y) + 4 = 2 \cdot E(Y) + 4 = 7{,}30$

   $Var(3Y + 2) = 9 \cdot Var(Y) = 14{,}6475$

   $\sigma(9Y - 6) = 9 \cdot \sigma(Y) = 11{,}52$

3. Var (Y) ist ein Maß für die Streuung der Werte y_i um den Erwartungswert E (Y). Var (Y) ist der Erwartungswert der quadratischen Abweichung der y_i vom Erwartungswert E (Y).

(3) Wir stellen uns vor, daß die Personen durchnumeriert seien. E_k bezeichne das Ereignis, daß die Person mit der Nummer k ihren Schirm wieder erhält. Dann gilt für die gesuchte Wahrscheinlichkeit $P_n = P(\bigcup_{k=1}^{n} E_k)$. Auf diesen Ausdruck kann man die Formel von Sylvester anwenden:

$$P(\bigcup_{k=1}^{n} E_k) = \sum_{k=1}^{n} P(E_k) - \sum_{k=1}^{n-1} \sum_{j=k+1}^{n} P(E_k \cap E_j) + \sum_{k=1}^{n-2} \sum_{j=k+1}^{n-1} \sum_{i=j+1}^{n} P(E_k \cap E_j \cap E_i) - + \ldots + (-1)^{n-1} P(\bigcap_{k=1}^{n} E_k)$$

Es ergibt sich folglich:

$n = 1: P_1 = 1$

$n = 2: P_2 = 1 - \frac{1}{2} = 1 - \frac{1}{2!} = 0{,}5$

$n = 3: P_3 = 1 - \frac{1}{2} + \frac{1}{3} \cdot \frac{1}{2} \cdot 1 = 1 - \frac{1}{2!} + \frac{1}{3!} = \frac{2}{3} = 0{,}66667$

$n = 4: P_4 = \ldots = 1 - \frac{1}{2!} + \frac{1}{3!} - \frac{1}{4!} = \frac{2}{3} - \frac{1}{4!} = \frac{15}{24} = 0{,}62500$

$n = 5: P_5 = \ldots = 1 - \frac{1}{2!} + \frac{1}{3!} - \frac{1}{4!} + \frac{1}{5!} = \frac{15}{24} + \frac{1}{5!} = \frac{76}{120} = 0{,}63333$

Allgemein: $P_n = 1 - \frac{1}{2!} + \frac{1}{3!} - \frac{1}{4!} + - ... + (-1)^{n-1} \cdot \frac{1}{n!}$

Dann gilt: $\lim\limits_{n \to \infty} P_n = 1 - \frac{1}{e} = 0{,}63212$

4. Für die Gewinnwahrscheinlichkeiten in jeder Runde gilt:

$P(A) = \frac{1}{6} = \frac{36}{216}$

$P(B) = \frac{5}{6} \cdot \frac{1}{6} = \frac{5}{36} = \frac{30}{216}$

$P(C) = \left(\frac{5}{6}\right)^2 \cdot \frac{1}{6} = \frac{25}{216}$

d. h. die Gewinnwahrscheinlichkeiten verhalten sich wie

$P(A) : P(B) : P(C) = 36 : 30 : 25$.

A hat die größten Gewinnchancen.

109. 1. a) Jeder der 16 Mannschaften hat 15 Gegner, d. h. es spielt jeder gegen jeden in einem Heim- und in einem Auswärtsspiel.

Es gibt $16 \cdot 15 = 240$ Spiele.

b) Es spielen neben den drei gesetzten Spielern noch einer der beiden Torleute sowie sieben der restlichen acht Feldspieler, die aber als Allroundspieler noch auf 7! Möglichkeiten angeordnet werden können.

Es gibt $2 \cdot \binom{8}{7} \cdot 7! = 80.640$ Möglichkeiten

c) Die Zufallsgröße G gebe die Anzahl der Gewinnspiele an. G ist binomialverteilt mit $p = 0{,}8$ und $n = 15$. Es gilt:

$P(G \geq 14) = 1 - P(G \leq 13) = 1 - B_{0,8}^{15}(G \leq 13) = 0{,}16713$

Mit einer Wahrscheinlichkeit von 16,71 % werden mindestens vierzehn Heimspiele gewonnen.

d) Die Zufallsgröße G' gebe die Anzahl der Auswärtspunkte an. Weniger als drei Auswärtspunkte erreicht man, wenn man alle Spiele verliert, einmal oder zweimal unentschieden spielt oder nur einmal gewinnt. Es gilt also:

$$P(G' \geq 3) = 1 - P(G' \leq 2) = 1 - [0{,}94^{15} + \binom{15}{1} 0{,}05^1 \cdot 0{,}94^{14} + \binom{15}{2} 0{,}05^2 \cdot 0{,}94^{13} + \binom{15}{1} 0{,}01^1 \cdot 0{,}94^{14}] \approx 1 - (0{,}395 + 0{,}315 + 0{,}117 + 0{,}063) = 1 - 0{,}89 = 0{,}11$$

Mit einer Wahrscheinlichkeit von 11 % muß der Präsident die verdoppelte Prämie zahlen.

e) Mit dem Produktsatz für Wahrscheinlichkeiten gilt:

$$\binom{15}{12} \cdot 0{,}8^{12} \cdot 0{,}2^3 \cdot \binom{15}{2} \cdot 0{,}01^2 \cdot 0{,}94^{13} = 0{,}00117$$

Mit einer Wahrscheinlichkeit von 0,12 % erreicht man genau 12 Heim und zwei Auswärtssiege.

2. a) Die Zufallsgröße M gebe die Anzahl der Paare Schuhe mit Mängeln an. M ist binomialverteilt mit $p = 0{,}03$ und $n = 20$.

(1) $P(M = 2) = B^{20}_{0,03}(M = 2) = 0{,}09883$

Mit einer Wahrscheinlichkeit von 9,88 % zeigen zwei Paare Mängel.

(2) $P(M \leq 1) = B^{20}_{0,03}(M \leq 1) = 0{,}88016$

Mit einer Wahrscheinlichkeit von 88,02 % ist höchstens ein Paar nicht in Ordnung.

b) Die Zufallsgröße T gebe die Anzahl der Treffer beim Strafstoß an. T ist binomialverteilt mit $p = 0{,}7$ und $n = 10$.

$$P(T > 5) = 1 - P(T \leq 5) = 1 - B^{10}_{0,7}(T \leq 5) = 0{,}84973$$

Mit einer Wahrscheinlichkeit von 84,97 % verwandelt Bomber mehr als die Hälfte der Strafstöße.

c) Für die Zufallsgröße E gebe die Anzahl direkt verwandelter Ecken an. E ist binomialverteilt mit $p = 0{,}1$.

(1) $P(E \geq 1) = 1 - P(E = 0) > 0{,}99$

$$1 - 0{,}9^n > 0{,}99$$
$$0{,}9^n < 0{,}01$$
$$n \cdot \ln 0{,}9 < \ln 0{,}01$$
$$n > \frac{\ln 0{,}01}{\ln 0{,}9} = 43{,}71 \Rightarrow n \geq 44$$

Er muß mindestens 44 Ecken schlagen.

(2) $H_0 : p_0 \geq 0{,}1$, $\bar{A} = [0; k]$, $A = [k + 1; 156]$

Die binomialverteilte Zufallsgröße E muß die Normalverteilungsnäherung verwendet werden.

$$\alpha = B_{0,1}^{156}\,(E \leq k) \leq 0{,}1$$

$$\mu = n \cdot p_0 = 156 \cdot 0{,}1 = 15{,}6;\ \sigma = \sqrt{n \cdot p_0 \cdot (1 - p_0)} = 3{,}75$$

$$\alpha = \Phi\left(\frac{k - 15{,}6 + 0{,}5}{3{,}75}\right) \leq 0{,}1 \Rightarrow \frac{k - 15.6 + 0{,}5}{3{,}75} \leq -1{,}2816 \Rightarrow$$
$$k \leq 10{,}29$$

$$\Rightarrow \bar{A} = [0; 10],\ A = [11; 156]$$

Da $9 \in \bar{A}$, muß H_0 verworfen werden.

3. Die Zufallsgröße X' gebe die Anzahl der Fehlentscheidungen an. X' ist binomialverteilt mit $p = 0{,}05$.

a) $n = 50$

$$P(X' \leq 3) = B_{0,05}^{50}\,(X' \leq 3) = 0{,}76041$$

Mit einer Wahrscheinlichkeit von 76,04 % trifft Regeltreu höchstens drei Fehlentscheidungen.

b) (1) Für die binomialverteilte Zufallsgröße X' gilt:

$$\mu = E(X') = n \cdot p = 50 \cdot 0{,}05 = 2{,}5$$
$$\mathrm{Var}(X') = n \cdot p \cdot (1 - p) = 50 \cdot 0{,}05 \cdot 0{,}95 = 2{,}375$$
$$\sigma = \sqrt{\mathrm{Var}(X')} = 1{,}54$$

(2) $P(|X' - \mu| < 2 \cdot \sigma) \geq 1 - \frac{Var(X')}{(2\sigma)^2} = 1 - \frac{\sigma^2}{4\sigma^2} = 1 - \frac{1}{4} = \frac{3}{4} =$

$= 0{,}75$

Die Anzahl der Fehlentscheidungen liegt mit einer Wahrscheinlichkeit von 75 % im $2 \cdot \sigma$-Intervall um μ.

(3) $P(|X' - \mu| < 2 \cdot \sigma) = P(\mu - 2\sigma < X' < \mu + 2\sigma) =$

$\Phi\left(\frac{\mu + 2\sigma - \mu}{\sigma}\right) - \Phi\left(\frac{\mu - 2\sigma - \mu}{\sigma}\right) =$

$\Phi(2) - \Phi(-2) = 2 \cdot \Phi(2) - 1 = 2 \cdot 0{,}97725 - 1 = 0{,}9545$

Die Anzahl der Fehlentscheidungen liegt bei der Verwendung der Normalverteilung mit einer Wahrscheinlichkeit von 95,45 % im $2 \cdot \sigma$-Intervall um μ.

c) $\mu = \frac{1}{200}(1 \cdot 45 + 2 \cdot 6 + 3 \cdot 1) = \frac{60}{200} = 0{,}3$

$N_{S=0} = 200 \cdot P_{0,3}(S = 0) = 200 \cdot 0{,}74082 = 148{,}16 \approx 148$

$N_{S=1} = 200 \cdot P_{0,3}(S = 1) = 200 \cdot 0{,}22224 = 44{,}45 \approx 44$

$N_{S=2} = 200 \cdot P_{0,3}(S = 2) = 200 \cdot 0{,}03334 = 6{,}66 \approx 7$

$N_{S=3} = 200 \cdot P_{0,3}(S = 3) = 200 \cdot 0{,}00333 = 0{,}67 \approx 1$

$N_{S>3} = 200 \cdot P_{0,3}(S > 3) = 200 \cdot 0{,}00027 = 0{,}05 \approx 0$

Der Vergleich mit der Tabelle liefert eine sehr gute Näherung, d. h. die Elfmeterentscheidungen von Regeltreu sind gut poissonverteilt.

4. a) Wegen der Unabhängigkeit gilt:

$P(X = x_i \wedge Y = y_j) = P(X = x_i) \cdot P(Y = y_j)$.

Die Zufallsgröße Z kann die Werte 15, 16, 20, 25, 26, 30, 35, 36, 40 und 50 annehmen. Es gilt:

z	15	16	20	25	26
P (Z = z)	0,06	0,30	0,18	0,03	0,15

z	30	35	36	40	50
P (Z = z)	0,15	0,01	0,05	0,06	0,01

b) (1) Mit Hilfe der Formeln über den Erwartungswert erhält man:

$E(X) = 5 \cdot 0{,}1 + 6 \cdot 0{,}5 + 10 \cdot 0{,}3 + 20 \cdot 0{,}1 = 8{,}5$

$E(Y) = 30 \cdot 0{,}1 + 20 \cdot 0{,}3 + 10 \cdot 0{,}6 = 15$

$E(Z) = E(X + Y) = E(X) + E(Y) = 8{,}5 + 15 = 23{,}5$

oder

$E(Z) = \sum z_i \cdot P(Z = z_i) = \ldots = 23{,}5$

(2) Mit Hilfe der Formeln für die Varianz gilt:

$$\begin{aligned} Var(X) &= E(X^2) - [E(X)]^2 = \\ &= 25 \cdot 0{,}1 + 36 \cdot 0{,}5 + 100 \cdot 0{,}3 + 400 \cdot 0{,}1 - 8{,}5^2 = \\ &= 18{,}25 \end{aligned}$$

$$\begin{aligned} Var(Y) &= E(Y^2) - [E(Y)]^2 = \\ &= 900 \cdot 0{,}1 + 400 \cdot 0{,}3 + 100 \cdot 0{,}6 - 15^2 = 45 \end{aligned}$$

$$Var(Z) = E(Z^2) - [E(Z)]^2 = 615{,}5 - 552{,}25 = 63{,}25$$

oder wegen der Unabhängigkeit von X und Y:

$$\begin{aligned} Var(Z) &= Var(X + Y) = Var(X) + Var(Y) = \\ &= 18{,}25 + 45 = 63{,}25 \end{aligned}$$

c) Aus der Definition einer standardisierten Zufallsgröße folgt:

$$Y^* = \frac{Y - E(Y)}{\sigma(Y)} = \frac{Y - 15}{\sqrt{45}}$$

y^*	2,25	0,75	– 0,75
$P(Y^* = y^*)$	0,1	0,3	0,6

d) Die Zufallsgröße H gebe die Anzahl der Tage der Heilungsdauer an. H ist poissonverteilt mit $\mu = 25$. Es gilt:

$$\begin{aligned} P(H > 30) &= 1 - P(H \leq 30) = 1 - P_{25}(H \leq 30) = 1 - 0{,}86331 = \\ &= 0{,}13669 \end{aligned}$$

Mit einer Wahrscheinlichkeit von 13,67 % dauert die Heilung mehr als 30 Tage.

110. 1. a) (1) Baumdiagramm

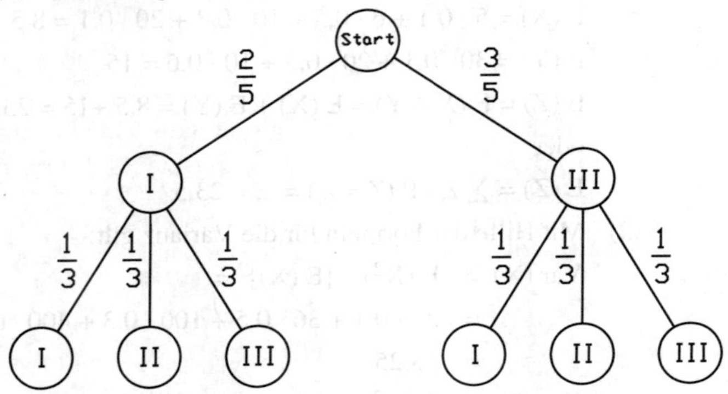

(2) Mit Hilfe der Pfadregeln erhält man:

$$P(A) = P(I - I) + P(III - III) = \frac{2}{5} \cdot \frac{1}{3} + \frac{3}{5} \cdot \frac{1}{3} = \frac{1}{3}$$

$$P(B) = P(III - I) + P(III - II) + P(III - III) + P(I - III) =$$

$$\frac{3}{5}\left(\frac{1}{3} + \frac{1}{3} + \frac{1}{3}\right) + \frac{2}{5} \cdot \frac{1}{3} = \frac{11}{15}$$

(3) Wegen $A \cap B = \{III - III\} \neq \varnothing$ gilt: A und B sind nicht unvereinbar.

(4) $P(A \cap B) = \frac{3}{15} \neq P(A) \cdot P(B) = \frac{1}{3} \cdot \frac{11}{15} \Rightarrow$ A und B sind stochastisch abhängig.

b) Aus der Definition der bedingten Wahrscheinlichkeit erhält man:

$$P_B(A) = \frac{P(A \cap B)}{P(B)} = \frac{\frac{3}{15}}{\frac{11}{15}} = \frac{3}{11} = 0{,}27273$$

Mit welcher Wahrscheinlichkeit sind die beiden Leistungskurse aus einem Aufgabenfeld, wenn mindestens ein Leistungskurs aus dem III. Bereich stammt?

$$P_A(B) = \frac{P(A \cap B)}{P(A)} = \frac{\frac{3}{15}}{\frac{5}{15}} = \frac{3}{5} = 0{,}6$$

Mit welcher Wahrscheinlichkeit stammen beide Leistungskurse aus dem III. Bereich, wenn beide Leistungskurse aus einem Aufgabenfeld stammen?

c) P (mind. ein ...) = 1 – P (kein ...)

$$1 - \left(\frac{2}{3}\right)^n > 0{,}99$$

$$\left(\frac{2}{3}\right)^n < 0{,}01$$

$$n \cdot \ln\frac{2}{3} < \ln 0{,}01$$

$$n > \frac{\ln 0{,}01}{\ln\frac{2}{3}} = 11{,}35 \Rightarrow n \geq 12$$

Der Kollegstufenbetreuer muß mindestens 12 Bogen durchblättern.

d) Die Zufallsgröße Z gebe die Anzahl der Wahlbogen an, auf denen beide Leistungskurse aus einem Bereich stammen. Z ist binomialverteilt mit

$n = 10$ und $p = \frac{1}{3}$. Es gilt:

(1) $P(Z = 5) = B^{10}_{\frac{1}{3}}(Z = 5) = 0{,}13656$

Mit einer Wahrscheinlichkeit von 13,66 % erhält man genau fünf solcher Wahlbogen.

(2) $P(Z \geq 3) = 1 - P(Z \leq 2) = 1 - B^{10}_{\frac{1}{3}}(Z \leq 2) =$

$= 1 - 0{,}29914 = 0{,}70086$

Mit einer Wahrscheinlichkeit von 70,09 % erhält man mindestens drei solcher Bogen.

(3) $P(Z \leq 4) = B^{10}_{\frac{1}{3}}(Z \leq 4) = 0{,}78687$

Mit einer Wahrscheinlichkeit von 78,69 % erhält man höchstens vier solcher Bogen.

2. Die Zufallsgröße F gebe die Anzahl der Fehlentscheidungen an.

F ist binomialverteilt mit $n = 50$ und $p = 0{,}3$.

a) (1) $P(F = 0) = B^{50}_{0,3}(F = 0) \approx 0$

Es ist fast unwahrscheinlich, daß ein Kollegiat keine Fehlentscheidungen trifft.

(2) $P(F \leq 10) = B^{50}_{0,3}(F \leq 10) = 0{,}07805$

Mit einer Wahrscheinlichkeit von 7,81 % trifft ein Kollegiat höchstens zehn Fehlentscheidungen.

b) (1) Mit den Formeln für die Maßzahlen gilt:

$\mu = E(F) = n \cdot p = 50 \cdot 0{,}3 = 15$

$\sigma(F) = \sqrt{n \cdot p \cdot (1-p)} = \sqrt{50 \cdot 0{,}3 \cdot 0{,}7} = 3{,}24$

(2) $P(|F - \mu| < 2 \cdot \sigma) \geq 1 - \frac{\sigma^2}{4\sigma^2} = 0{,}75 \Rightarrow$ Unabhängig von μ und σ!

Mit einer Wahrscheinlichkeit von 75 % liegt die Anzahl der Fehlentscheidungen im $2 \cdot \sigma$-Intervall um μ.

(3) $P(|F - \mu| < 2 \cdot \sigma) = P(\mu - 2\sigma < F < \mu + 2\sigma) = \Phi\left(\frac{\mu + 2\sigma - \mu}{\sigma}\right)$

$- \Phi\left(\frac{\mu - 2\sigma - \mu}{\sigma}\right) = \Phi(2) - \Phi(-2) = 2 \cdot \Phi(2) - 1 = 0{,}95450$

Mit einer Wahrscheinlichkeit von 95,45 % liegt die Anzahl der Fehlentscheidungen im $2 \cdot \sigma$-Intervall um μ. Auch diese Berechnung ist unabhängig von den Werten für μ und σ.

3. Die Zufallsgröße Z' gebe die Anzahl der fehlenden Kollegiaten an. Z' ist binomialverteilt mit $p = 0{,}2$.

   a) $n = 20$: $P(Z' > 5) = 1 - P(Z' \leq 5) = 1 - B_{0,2}^{20}(Z' \leq 5) =$

      $= 1 - 0{,}80421 = 0{,}19579$

      Mit einer Wahrscheinlichkeit von 19,58 % trifft der Kursleiter weniger als 15 seiner Kollegiaten.

   b) Mit Überlegungen zu 1.3. gilt:

      $$\begin{aligned} 1 - 0{,}8^n &> 0{,}9 \\ 0{,}8^n &< 0{,}1 \\ n \cdot \ln 0{,}8 &< \ln 0{,}1 \\ n &> \frac{\ln 0{,}1}{\ln 0{,}8} = 10{,}32 \Rightarrow n \geq 11 \end{aligned}$$

      Er muß mindestens 11 Tage beobachten.

   c) $H_1: p = 0{,}2$ Annahmebereich $A = [0; 220]$

      Ablehnungsbereich $\overline{A} = [221; 1.000]$, $n = 1.000$

      Die Zufallsgröße R gebe die Anzahl der Absenzen an. Dann gilt:

      (1) $\alpha = B_{0,2}^{1.000}(R \geq 221) = 1 - B_{0,2}^{1.000}(R \leq 220)$

      Näherung von Moivre-Laplce:

      $\mu_1 = n \cdot p_1 = 1.000 \cdot 0{,}2 = 200$, $\sigma_1 = \sqrt{n \cdot p_1 \cdot (1 - p_1)} = \sqrt{160} = 12{,}65$

      $$\alpha = 1 - \Phi\left(\frac{220 - 200 + 0{,}5}{12{,}65}\right) = 1 - \Phi(1{,}62) = 1 - 0{,}94738 =$$

      $= 0{,}05262$

      Mit einer Wahrscheinlichkeit von 5,26 % trifft K eine Fehlentscheidung.

(2) $H_2 : p_2 = 0{,}25$

$\beta = B_{0,25}^{1.000} \ (R \leq 220)$

Näherung von Moivre-Laplace:

$\mu_2 = n \cdot p_2 = 1.000 \cdot 0{,}25 = 250 \qquad \sigma_2 = \sqrt{n \cdot p_2 \cdot (1 - p_2)} = \sqrt{187{,}5} = 13{,}69$

$\beta = \Phi\left(\frac{220 - 250 + 0{,}5}{13{,}69}\right) = \Phi(-2{,}15) = 1 - \Phi(2{,}15) =$
$1 - 0{,}98422 = 0{,}01578$

Mit einer Wahrscheinlichkeit von 1,59 % trifft K jetzt eine Fehlentscheidung.

(3) $A = [0; k], \bar{A} = [k + 1; 1.000]$

Mit den Werten und Überlegungen zu 3.3.1. gilt:

$\alpha = 1 - \Phi\left(\frac{k - 200 + 0{,}5}{12{,}65}\right) \leq 0{,}01$

$\Phi\left(\frac{k - 200 + 0{,}5}{12{,}65}\right) \geq 0{,}99 \Rightarrow \frac{k - 200 + 0{,}5}{12{,}65} \geq 2{,}3264$

$\Rightarrow k \geq 2{,}3264 \cdot 12{,}65 + 200 - 0{,}5 = 228{,}93 \Rightarrow k \geq 229$

$\Rightarrow A = [0; 229], \bar{A} = [230; 1.000]$

4. a) Mit der Definition der Maßzahlen einer Zufallsgröße gilt:

$E(X) = 14 \cdot 0{,}5 + 13 \cdot 0{,}5 = 7 + 6{,}5 = 13{,}5$

$Var(X) = (14 - 13{,}5)^2 \cdot 0{,}5 + (13 - 13{,}5)^2 \cdot 0{,}5 = 0{,}25$

$E(Y) = 15 \cdot 0{,}1 + 14 \cdot 0{,}4 + 13 \cdot 0{,}5 = 13{,}6$

$Var(Y) = (15 - 13{,}6)^2 \cdot 0{,}1 + (14 - 13{,}6)^2 \cdot 0{,}4 + (13 - 13{,}6)^2 \cdot 0{,}5 = 0{,}44$

$E(X + Y) = E(X) + E(Y) = 13{,}5 + 13{,}6 = 27{,}1$

$Var(X + Y) = Var(X) + Var(Y) = 0{,}25 + 0{,}44 = 0{,}69$

b)

s	29	28	27	26
P (S = s)	0,05	0,25	0,45	0,25

$E(S) = 29 \cdot 0{,}05 + 28 \cdot 0{,}25 + 27 \cdot 0{,}45 + 26 \cdot 0{,}25 = 27{,}1$

$Var(S) = (29 - 27{,}9)^2 \cdot 0{,}05 + (28 - 27{,}1)^2 \cdot 0{,}25 + (27 - 27{,}1)^2 \cdot 0{,}45 + (26 - 27{,}1)^2 \cdot 0{,}25 = 0{,}69$

Die Werte für E (X + Y) und Var (X + Y) stimmen mit denen aus 5.1. überein.

Stichwortverzeichnis

Die ersten Zahlen geben die Seiten des Theorieteiles an, auf denen der Begriff definiert ist oder schwerpunktmäßig auftritt, die Zahlen hinter A die entsprechenden Aufgabennummern.

Abhängigkeit, stochastische 26; A 40, 42, 44, 46, 47, 63, 64
Ablehnungsbereich 62; A 82 – 98, 105, 106, 109, 110
Absolute Häufigkeit 8; A 8 – 12
Allgemeines Zählprinzip 14; A 23 – 25
Alternative 61; A 83,84, 88, 91, 95, 98, 106, 110
Alternativtest 61 – 64; A 83, 84, 88, 91, 95, 98, 106, 110
Annahmebereich 62; A 82 – 98, 105, 106, 109, 110
Anordnung
- offene Linie A 33, 35
- geschlossene Linie A 33, 35, 102
- bunte Reihe A 22, 33, 102
Axiomensystem von Kolmogorow 9
Baumdiagramm 1 – 3, 10 – 12, 23 – 25, 27, 36; A 4, 5, 16, 19 –21, 42, 44, 50, 55, 100 – 103,106, 108, 110
Bayes, Formel von 25; A 41, 42, 55, 103, 108
Bedingte Wahrscheinlichkeit 23 – 25; A 40 – 42, 44, 55, 103, 108, 110
Bereich, kritischer 64; A 82 – 98, 105, 106, 109
Bernoulliexperiment 28
Bernoullikette 28 – 31; A 43, 51 – 53, 102 – 104
Binomialkoeffizient $\binom{n}{k}$ 18, 19; A 26 – 36
Binomialverteilung 43 – 45; A 56 – 58, 61, 66, 73, 82 – 85, 87 – 89, 91, 93 – 95, 98, 99, 104 – 110
- Erwartungswert der 43; A 56 – 58, 61, 66, 73, 82 – 84, 88, 89, 93, 99, 105, 107, 109, 110
- kumulativ 43
- Näherung durch die Normalverteilung 51 – 54; A 61, 73, 82 – 84, 88, 89, 93, 99, 105, 107, 109,110

- Näherung durch die Poissonverteilung	46, 47; A 73, 107, 109
- standardisierte	52
- Varianz der	43; A 56 – 58, 61, 66, 73, 82 – 84, 88, 89, 93, 99, 105, 107,109, 110
Bunte Reihe	A 22, 33, 102
Dichtefunktion	39
Diskrete Zufallsgröße	39
Durchschnitt von Ereignissen	4; A 4 – 9, 13 – 16, 18, 60
Einseitiger Test	67 – 69; A 82, 85 – 87, 89, 90, 93, 96, 97, 106, 109, 110
Elementarereignis	3, 10, 11
Empirische Verteilung	47, 48
Entscheidungsregel	61; A 88, 89, 91, 93, 95, 105 – 110
Entscheidungsverfahren	61
Entweder - oder	7; A 100, 101
Ereignis	3 – 7; A 2 – 5, 7 – 9, 13 – 16, 18, 100, 105
- algebra	6; A 5 – 7, 9, 13 – 16, 18, 100, 108
- raum, - räume	3 – 7; A 4
- seltenes	47
- sicheres	4
- unmögliches	4
Ereignisse	3 – 7; A 2 – 5, 7 – 9, 13 – 16, 18, 100, 105
- Durchschnitt von	4; A 4 – 9, 13 –16, 18, 40 – 44
- unvereinbare	5; A 4, 5, 13, 100, 105, 110
- Vereinigung von	5; A 4 – 9, 13 – 16, 18, 40 – 44
Ergebnis	1; A 1 – 7
- baum	(siehe Baumdiagramm)
Ergebnisraum	1 – 7; A 1 – 7
- Verfeinerung des	1; A 4
- Vergröberung des	1; A 4
- Zerlegung des	5, 26; A 4, 101
Erwartungstreue Schätzgröße	59; A 74, 76
Erwartungswert	38, 39; A 54 – 74, 96, 104, 105, 107 – 110
- der Binomialverteilung	43; A 61, 66, 73, 82 – 84, 88, 89, 93, 99, 105, 107, 109, 110

- Eigenschaften des 41 – 43; A 54 – 73, 108 – 110
- der hypergeometrischen Verteilung 45; A 55, 108
- der Normalverteilung 49; A 72 – 81, 86, 90, 92, 96, 97
- der Poissonverteilung 47; A 58, 61, 69, 70, 71, 73, 109

Faires Glücksspiel A 102, 105
Fehlentscheidung 61, 62; A 82 – 84, 91, 94, 95, 109, 110
Fehler (Risiko) 1. Art 61, 62; A 82 – 91, 95, 98, 105, 106, 109, 110
Fehler (Risiko) 2. Art 61, 62; A 83, 84, 88, 91, 95, 98, 106, 110
Formel von Bayes 25; A 41, 42, 55, 103, 108
Formel von Sylvester 9; A 108
Funktionsgraph 37; A 55

Gaußfunktion 50, 51; A 72
Gaußsche Glockenkurve 50; A 72
Gaußverteilung (siehe Normalverteilung)
Geburtstagsproblem A 37 – 39, 54, 70, 102
Gegenereignis 4; A 3, 5, 7 – 9, 13 – 16, 18
Gemeinsame Wahrscheinlichkeitsfunktion A 62 – 64, 107, 109, 110
Geometrische Verteilung 31; A 45, 48, 53, 65, 108
Geordnete Stichprobe 16
Gesetz der großen Zahlen 56 – 58
- schwaches 56, 57
- starkes 57
Gesetze von de Morgan 6; A 4, 5, 7
Glücksrad A 17, 101
Glücksspiel, faires A 102, 105
Grenzwertsatz von Moivre-Laplace
- globaler (Integralgrenzwertsatz) 53 – 54
- lokaler 51 – 53
Grenzwertsatz, zentraler 57
Günstige Wette A 38, 39, 54, 102
Gütefunktion 65

Häufigkeit 8
- absolute 8; A 8 – 12
- relative 8; A 8 – 2, 77, 78

Histogramm 37, 38; A 55
Hypergeometrische Verteilung 45, 46; A 55, 60, 102, 108
- Erwartungswert der 45; A 55, 108
- Varianz der 45; A 55, 108
Hypothese 59, 61, 62; A 82 – 98, 110
- einfache 64
- zusammengesetzte 64

Irrtumswahrscheinlichkeit A 86, 87, 92, 93, 96, 97, 109, 110

Kennzeichen der Unabhängigkeit 28
k-Menge (Kombination) 16; A 26 – 36
- mit Wiederholung 19; A 26 – 36
- ohne Wiederholung 18; A 26 – 36
Kolmogorow, Axiomensystem von 9
Kombinationen (siehe k-Mengen)
Kombinatorik 14 – 20; A 22 – 39, 102, 105, 109
Komplementärereignis 4; A 3, 5, 7 – 9, 13 – 16, 18
Konfidenzintervall 60; A 74 – 81, 105, 107, 109, 110
Konvergenz, stochastische 56, 57
Kritischer Bereich 64; A 82 – 98, 105, 106, 109
k-Tupel (Variationen) 14, 16; A 22 – 37
- mit Wiederholung 18; A 25, 31, 37
- ohne Wiederholung 17; A 33
Kumulative Verteilungsfunktion 35; A 55
- der Binomialverteilung 43
- der Hypergeometrischen Verteilung 45; A 55
- der Normalverteilung 49; A 72
- der Poissonverteilung 46, 47

Länge der Bernoullikette 28; A 43, 51 – 53
Länge der Stichprobe 59; A 74, 79, 80, 81, 84, 88, 91
Laplaceexperiment (L-Experiment) 15 – 21
Laplace-Wahrscheinlichkeit 21, 22
L-Münze 21
L-Würfel 21
Lotto $\binom{49}{6}$ 21, 22
Maßzahlen einer Zufallsgröße 38 – 43; A 54 – 73, 104 – 110
Mengenalgebra (siehe Ereignisalgebra)

Mengendiagramm 4, 5, 6, 7; A 1 – 7
Mittelwert 38, 47; A 74 – 76, 79 – 81, 90, 92, 97
Morgan de, Gesetze von 6; A 4, 5, 7

Näherung der Binomialverteilung 46 – 54
- durch die Normalverteilung 51 – 54; A 61, 73, 82 – 84, 88, 89, 93, 99, 105, 107, 109, 110
- durch die Poissonverteilung 46, 47; A 61,73, 107,109
Normalverteilung 49–54; A 72, 74 – 81, 86, 90, 92, 96, 97
- Erwartungswert der 49; A 72, 74 – 81, 86, 90, 92, 96, 97
- Varianz der 49; A 72, 74 – 81, 86, 90, 92, 96, 97
Nullhypothese 64; A 82, 85 – 90, 92, 93, 105, 106, 109

OC-Kurve 65, 66, 68, 69
Operationscharakterikstik 65

Pascal-Verteilung 32; A 45, 67, 103
Permutation 15
- mit Wiederholung 16; A 22, 23
- ohne Wiederholung 15; A 22
Pfadregeln 10 – 13
- 1. Pfadregel 11, 23; A 16, 19 – 21, 42, 44, 50, 55, 100 – 102, 106, 108, 110
- 2. Pfadregel 13, 23; A 16, 19 – 21, 42, 44, 50, 55, 100 – 102, 106, 108, 110
Poissonverteilung 46 – 48; A 58, 61, 69, 70, 71, 109
- Erwartungswert der 47; A 58, 61, 69, 70, 71, 109
- Varianz der 47
Produkt von Zufallsgrößen 42; A 62, 63, 68
Produktsatz der Kombinatorik 14, A 23 – 25, 109

Relative Häufigkeit 8; A 8 – 12, 77, 78
Risiko (Fehler) 1. Art 61, 62; A 82 – 91, 95, 98, 105, 106, 109, 110

Risiko (Fehler) 2. Art 61, 62; A 83, 84, 88, 91, 95, 98, 105, 106, 109, 110

Schätzgröße, erwartungstreue 59; A 74, 76
Schätzproblem 59; A 74 – 81
Seltenes Ereignis 47; A 107, 109
Sicheres Ereignis 4
Sicherheitswahrscheinlichkeit 61; A 74 – 81, 88
Signifikant auf dem Niveau α 64; A 82, 85 – 87, 89, 90, 92, 93, 96, 97, 105
Signifikanzniveau 64; A 82, 85 – 87, 89, 90, 92, 93, 96, 97, 105
Signifikanztest 64 – 70; A 82, 85 – 87, 89, 90, 92, 93, 96, 97, 105
Stabdiagramm 37; A 55
Standardabweichung 40 – 43; A 56, 58, 59, 61, 65, 80, 86, 90, 96, 97
Standardisierte Zufallsgröße 42; A 68, 107, 109
Standardisierung 42, 51, 52; A 68, 107, 109
Statistik 59 – 70; A 74 – 99
Stetige Zufallsgröße 35; A 59
Stetigkeitskorrektur 53; A 61, 63, 82 – 84, 88, 89, 93, 99,105, 107, 109, 110
Stichprobe 59
- geordnete (mit Reihenfolge) 16
- ungeordnete (ohne Reihenfolge) 16
- Länge der (Stichprobenumfang) 59; A 74, 79, 80, 81, 84, 88, 91
Stichprobenmittel 60; A 74 – 76, 79, 80, 81, 90, 92, 97
Stichprobenvarianz 60; A 74 – 76, 79, 92
Stochastische Abhängigkeit 26; A 40, 42, 44, 46, 47, 63, 64, 103, 105, 106, 108
Stochastische Konvergenz 60
Stochastische Unabhängigkeit 26; A 40, 42, 44, 46, 47, 63, 64, 103, 105, 106, 108
Streuungswert 38
Summe von Zufallsgrößen 42; A 62 – 64, 68, 109, 110
Sylvester, Formel von 9; A 108

Test 61 – 70; A 82 – 99, 105, 106, 109, 110
- einseitiger 67 – 69; A 82, 85 – 87, 89, 90, 93, 96, 97, 106, 109, 110
- verfälschter 69, 70
- zweiseitiger 64 – 67, A 92, 105
Testproblem 59; A 82 – 99, 105 – 110
Tschebyschow, Ungleichung von 55, 56; A 56, 104, 105, 109

Unabhängigkeit 26 – 28
- Kennzeichen der 28
- stochastische 26; A 40, 42, 44, 46, 47, 63, 64, 103, 105, 106, 108
Ungeordnete Stichprobe 16
Ungleichung von Tschebyschow 55, 56; A 56, 104, 105, 109
Unmögliches Ereignis 4
Unvereinbare Ereignisse (Unvereinbarkeit) 5; A 4, 5, 13, 100, 101, 105, 110

Varianz 40 – 43; A 55 – 70, 104 – 110
- Eigenschaften der 41 – 43; A 108 – 110
- der Binomialverteilung 43; A 56 – 58, 61, 66, 73, 82 – 84, 88, 89, 93, 99, 105, 107, 109, 110
- der hypergeometrischen Verteilung 45; A 55, 108
- der Normalverteilung 49; A 72, 74 – 81, 86, 90, 92, 96, 99
- der Poissonverteilung 47
Variationen (siehe k-Tupel)
Verfälschter Test 69, 70
Verfeinerung des Ergebnisraumes 1; A 4
Vergröberung des Ergebnisraumes 1; A 4
Verteilung
- diskrete 35
- empirische 48
- stetige 35; A 59
Verteilungsfunktion 35, 36, 38; A 55
- kumulative 35; A 55
- der Binomialverteilung 43; A 56 – 58, 61, 66, 73
- gemeinsame A 62 – 64; 68, 107, 109, 110
- der Normalverteilung 49, 50; A 72
- der Poissonverteilung 47; A 58, 61, 69 – 71

Vertrauensintervall (siehe Konfidenzintervall)
Vertrauenswahrscheinlichkeit (siehe Sicherheitswahrscheinlichkeit)
Vierfeldertafel 5, 6, 7, 26, 28; A 46, 100, 101, 108

Wahrscheinlichkeit, bedingte 23 – 25; A 40 – 42, 44, 55, 103, 108, 110
Wahrscheinlichkeitsdichte 35; A 59
Wahrscheinlichkeitsfunktion (siehe Verteilungsfunktion)
Wahrscheinlichkeitsverteilung 8 – 13; A 9, 12, 13 – 20, 54, 56, 62 – 64, 67, 68, 104, 108
Wartezeitaufgaben 30 – 34; A 45, 48 – 53, 100, 106
Weder - noch 6; A 100
Wette, günstige A 38, 39, 54, 102

Zählprinzip, allgemeines 14; A 23 – 25
Zentraler Grenzwertsatz 57, 58
Zerlegung des Ergebnisraumes 5, 24; A 4, 101
Ziehen
- mit Zurücklegen 2, 43, 44; A 13, 50, 106
- ohne Zurücklegen 3, 45, 46; A 13, 50
Zufallsexperiment 1
- mehrstufiges 10; A 1 – 7
- zusammengesetztes 1; A 1 – 7
Zufallsgröße
- diskrete 35; A 54 – 73
- Maßzahlen einer 38 – 43; A 54 – 73, 104 – 110
- standardisierte 42; A 68, 107, 109
- stetige 35, A 59
Zufallsgrößen
- Produkt von 42; A 62, 63, 68
- Summe von 42; A 62 – 64, 68, 109, 110
- und ihre Verteilungen 35 – 58; A 54 – 73
Zusammengesetzte Hypothese 64
Zweiseitiger Test 64 – 67; A 92, 105

Ihre Meinung ist uns wichtig!

Ihre Anregungen sind uns immer willkommen.
Bitte informieren Sie uns mit diesem Schein über Ihre Verbesserungsvorschläge!

Titel-Nr.	Seite	Fehler, Vorschlag

Bitte hier abtrennen

Bitte hier abtrennen

Zutreffendes bitte ankreuzen!

Die Absenderin/der Absender ist:

- ☐ Lehrer/in
- ☐ Fachbetreuer/in
  Fächer: ____________
- ☐ Seminarlehrer/in
  Fächer: ____________
- ☐ Regierungsfachberater/in
  Fächer: ____________
- ☐ Oberstufenbetreuer/in
- ☐ Schulleiter/in
- ☐ Leiter/in Lehrerbibliothek
- ☐ Leiter/in Schülerbibliothek
- ☐ Referendar/in, Termin 2. Staatsexamen: ____________
- ☐ Sekretariat
- ☐ Schüler/in, Klasse: ____________
- ☐ Eltern
- ☐ Sonstiges: ____________

Unterrichtsfächer: (Bei Lehrkräften!)

STARK Verlag
Postfach 1852
85318 Freising

9-V1T

Bitte ausfüllen und im frankierten Umschlag an uns einsenden. Für Fensterkuverts geeignet.

Kennen Sie Ihre Kundennummer? Bitte hier eintragen.

Absender (Bitte in Druckbuchstaben!)

Name/Vorname

Straße/Nr.

PLZ/Ort

Telefon privat **Geburtsjahr**

Schule/Schulstempel (Bitte immer angeben!)

(Bitte blättern Sie um)